PROTOPLASMATOLOGIA
HANDBUCH DER PROTOPLASMAFORSCHUNG

BEGRÜNDET VON

L. V. HEILBRUNN · F. WEBER

PHILADELPHIA · GRAZ

HERAUSGEGEBEN VON

M. ALFERT · H. BAUER · C. V. HARDING

BERKELEY · TÜBINGEN · NEW YORK

MITHERAUSGEBER

W. H. ARISZ-GRONINGEN · J. BRACHET-BRUXELLES · H. G. CALLAN-ST. ANDREWS
R. COLLANDER-HELSINKI · K. DAN-TOKYO · E. FAURÉ-FREMIET-PARIS
A. FREY-WYSSLING-ZÜRICH · L. GEITLER-WIEN · K. HÖFLER-WIEN
M. H. JACOBS-PHILADELPHIA · N. KAMIYA-OSAKA · D. MAZIA-BERKELEY
W. MENKE-KÖLN · A. MONROY-PALERMO · A. PISCHINGER-WIEN
J. RUNNSTRÖM-STOCKHOLM · W. J. SCHMIDT-GIESSEN

BAND II

CYTOPLASMA

D 1

VITALFÄRBUNG UND VITALFLUOROCHROMIERUNG TIERISCHER ZELLEN

SPRINGER-VERLAG WIEN GMBH

1964

VITALFÄRBUNG UND VITALFLUOROCHROMIERUNG TIERISCHER ZELLEN

VON

LEOPOLD STOCKINGER

WIEN

MIT 15 TEXTABBILDUNGEN

SPRINGER-VERLAG WIEN GMBH

1964

ISBN 978-3-211-80689-0   ISBN 978-3-7091-5559-2 (eBook)
DOI 10.1007/978-3-7091-5559-2

Vitalfärbung und Vitalfluorochromierung tierischer Zellen*

Von

LEOPOLD STOCKINGER

Histologisch-Embryologisches Institut der Universität Wien

(Vorstand: Prof. Dr. A. P i s c h i n g e r)

Mit 15 Textabbildungen

Inhaltsübersicht

---

* Meinem verehrten Lehrer, Herrn Prof. PISCHINGER zum 65. Geburtstag gewidmet.

I. Einleitung

Mit dem Begriff „Vitalfärbung" wird eine Reihe von Untersuchungstechniken zusammengefaßt, die mit verwandter Methodik verschiedene Ziele verfolgen und unter den biologischen Arbeitsmethoden ihren festen Platz haben. Da es sich bei der Vitalfärbung immer um eine Auseinandersetzung zwischen Farbstoffen und lebendem Gewebe handelt, stellte Zeiger (1938) fest: „Die Lebendfärbung ist kein mikroskopisch-technisches Verfahren im üblichen Sinn des Wortes. Sie war vielmehr von Anfang an eine biologische Methode von allgemeinster Bedeutung."

Es ist schwierig und wahrscheinlich sogar unmöglich, alle Anwendungsgebiete dieser Technik erschöpfend darzustellen und die einschlägige Literatur vollständig zu erfassen; dazu kommt, daß sich durch neue und verbesserte Untersuchungsmethoden, wie Fluoreszenz-, Phasenkontrast-, Interferenz- und Elektronenmikroskopie, in den letzten Jahren die Kenntnisse des Feinbaues und der Funktion der lebenden Materie bedeutend erweitert haben; mit diesen Methoden konnte auch das Verständnis der Geschehnisse, die dem Vitalfärbungsvorgang zugrunde liegen, vertieft und bereichert werden.

Eine zusammenfassende Darstellung der Grundlagen und der Methoden der Vitalfärbung stammt von Zeiger (1938); diese Arbeit ist bis heute die vollständigste und gründlichste Diskussion besonders der physikochemischen Grundlagen der Vitalfärbung geblieben. Mein Beitrag soll daher auf dieser Grundlage aufbauen; dies umsomehr, da Zeiger selbst ursprünglich die Aufgabe übernommen hatte, über dieses Thema zusammenfassend zu berichten.

Eine weitere umfassende und klare Bearbeitung dieser Materie verdanken wir Ries (1938), der neben umfangreichen Modellversuchen über die physikochemischen Faktoren besonders eingehend die Bestimmung der Wasserstoffionenkonzentration und des Oxydo-Reduktionspotentials sowie verschiedene selektive Vitalfärbungen behandelt.

Die Vitalfärbung erlaubt direkt oder indirekt die Beobachtung verschiedener Zellfunktionen und ermöglicht damit Analogien zum Verhalten ungefärbter — als Nahrungs- und Wirkstoffe verwendeter — Substanzen mit gleichen oder ähnlichen physikochemischen Eigenschaften. Durch die Ergebnisse dieser Untersuchungen wurden nicht nur neue Kenntnisse über Aufbau und Struktur der Zellbausteine gewonnen, sondern auch die Zellphysiologie wurde wesentlich bereichert.

Zahlreiche organische Substanzen, darunter eine Reihe von Farbstoffen, besitzen die Fähigkeit, absorbierte Lichtstrahlen zu transformieren, wobei Strahlen niedrigerer Wellenlänge emittiert werden. Dieses Fluoreszenzvermögen gestattet den Nachweis solcher Stoffe auch in sehr geringen Konzentrationen. Bei der Transformation energiereicher in energieärmere — d. h. längerwellige — Strahlen wird der im Substrat verbleibende Energieanteil in Form von Wärme oder chemischer Energie frei. Dieses Verhalten kann in biologischen Systemen, z. B. in vitalgefärbten Zellen und Geweben, eine besondere Belastung darstellen (photodynamische Wirkung). Aufnahme und intrazelluläre Verarbeitung von Fluoreszenzfarbstoffen (Fluorochromen) folgen jedoch denselben Gesetzen wie analoge Vorgänge mit gewöhnlichen Farbstoffen (Diachromen). Es soll daher auf fluoreszenzmikroskopische Ergebnisse nur in besonderen Kapiteln eingegangen werden.

Bei der elektronenmikroskopischen Untersuchung finden verschiedene Schwermetalle als „Farbstoffe" zur Erhöhung des Kontrastes Verwendung. Werden solche Verbindungen in den lebenden Organismus eingebracht und dort an bestimmte Strukturen gebunden oder gespeichert, so handelt es sich doch auch um eine Vitalfärbung. Es muß daher der Begriff „Farbstoff" in diesem Sinne präzisiert werden, damit auch das Gebiet der elektronenmikroskopischen „Vitalfärbung", das erst am Anfang seiner Entwicklung steht, wenigstens kurz hier mitbehandelt werden kann.

Schließlich ist es auch möglich, durch den Einbau radioaktiver Isotope bestimmte chemische Verbindungen zu markieren und in lebende Zellen einzubringen. Da diese Technik in einem eigenen Kapitel dieses Handbuches zusammengefaßt ist, können in diesem Beitrag nur einige Hinweise eingeschaltet werden.

Zu den intravitalen „Färbungen" muß schließlich auch noch die Aufnahme und der Einbau biologischer Substanzen, an die zur spezifischen Darstellung ein Farbstoff gekoppelt wurde, gerechnet werden. Diese hauptsächlich zu immunhistologischen Untersuchungen verwendete Methode wird ebenfalls an anderer Stelle ausführlich behandelt (Mayersbach 1958,

1962). Nur besondere Anwendungsgebiete sollen auch in diesem Rahmen Erwähnung finden.

Die Beobachtung vitalgefärbter Objekte und die Auswertung der Vitalfärbungsversuche kann entweder direkt am lebenden, gefärbten Objekt oder am überlebenden bzw. abgetöteten Präparat erfolgen. Der Idealfall der Lebendbeobachtung kann aber leider nur bei wenigen Objekten, wie kleinen, durchsichtigen Wassertieren, Schwimmhäuten, oberflächlichen Schleimhäuten (Conjunctiva, Portio vaginalis uteri) sowie operativ verlagerten Organen, verwirklicht werden. Die Verwendung explantierter und kultivierter Zellen ermöglicht das Studium der Vitalfärbung in idealer Weise. Von den Untersuchungen überlebender, vitalgefärbter Objekte sind besonders jene an Aszitestumorzellen und Blutzellen zu erwähnen.

In vielen Fällen ist die Lebendbeobachtung entweder aus Gründen, die sich aus der Lage, der Isolationsmöglichkeit und der Empfindlichkeit des Untersuchungsobjektes ergeben, oder wegen technisch apparativer Schwierigkeiten nicht möglich. Technisch unmöglich ist vor allem die Untersuchung lebender oder überlebender Präparate mit den derzeitig verwendeten Elektronenmikroskopen; Entwicklungsarbeiten der letzten Zeit versprechen jedoch auch auf diesem Sektor weitere Fortschritte (Dupouy, Perrier und Durrieu 1960). Vorläufig ist es jedoch in allen diesen Fällen notwendig, bestimmte Stadien der Vitalfärbung zu stabilisieren, das heißt also zu fixieren.

Vielleicht gelingt es, mit Hilfe dieser und ähnlicher Zusammenfassungen einen Überblick über die Anwendungsgebiete und technischen Möglichkeiten der Vitalfärbung zu geben. Man muß sich jedoch von vornherein darüber klar sein, daß die vollständige Erfassung aller einschlägigen Arbeiten bei der heute ins Übermaß angewachsenen Literatur nicht möglich ist und daß in unserer schnellebigen Zeit die Lösung mancher Probleme rascher fortschreitet oder in eine andere Richtung führt, als es im Zeitpunkt der Bearbeitung des Beitrages schien.

II. Definition und Entwicklung

Begriff und Wesen der Vitalfärbung werden durchaus nicht einheitlich definiert. Die Schwierigkeiten der Definition liegen vor allem darin, daß eine sichere Abgrenzung der vitalen gegen eine post- oder supravitale beziehungsweise gegen eine postmortale Färbung nicht immer möglich ist. Grundbedingung für eine echte Vitalfärbung ist oder wäre es demnach, daß die gefärbten Zellen, Gewebe und Organe durch den Farbstoff nicht irreversibel beeinflußt werden. Zeiger (1938) setzt sich mit den Definitionsversuchen verschiedener Autoren (Fischel 1910, Möllendorff 1926, Küster 1928, Vonwiller 1928, Gicklhorn 1931, Becker 1936) kritisch auseinander und zitiert unter anderem auch folgende Darlegungen Vonwillers: „So bleibt uns denn als umfassende Definition der Vitalfärbung nur übrig, sie als eine Färbung von Organismen oder Teilen von solchen während des Lebens dieser ganzen Organismen oder ihrer Teile zu bezeichnen; was innerhalb eines Organismus oder eines Teiles von ihm, z. B. in einem Explantat, gefärbt wird, wird damit absichtlich nicht definiert, wegen der

Vielgestaltigkeit der Erscheinung und der Möglichkeit des Vorkommens verschiedenartiger, gefärbter Elemente in ein und derselben Zelle. Es wäre vorteilhaft, die Definition so fassen zu können, daß man sagen würde: Während des normalen Lebens. Der Begriff des Normalen ist jedoch ein fließender, auch bewirken manche Vitalfarbstoffe Erscheinungen, welche an der Grenze des Pathologischen stehen oder schlechtweg pathologisch sind." GICKLHORN setzt sich in diesem Zusammenhang auch mit dem Begriff „L e b e n" auseinander und betont, daß es eine allgemeingültige Definition des Begriffes „L e b e n" nicht gibt und daher auch die willkürlich von einem dieser „Lebend"-Begriffe abgeleiteten Definitionen der Vitalfärbung nur eine beschränkte Berechtigung und Richtigkeit haben. Er führt weiter aus: „...daß man sinngemäß auf das Zustandekommen der Färbung von Zellen und Geweben oder ihrer Teile und nicht vor allem auf das optische Bild der Färbung, d. h. Farbstoffspeicherung, das Hauptgewicht legen muß." An anderer Stelle schreibt GICKLHORN: „...unsere Ausführungen sollen zeigen, daß man statt auf die Definition im üblichen Sinn auf eine möglichst genaue Charakteristik und Vervollständigung der ohnehin zahlreichen Kriterien zu einem Urteil hinarbeiten muß. Diese Kriterien müssen selbst wieder gegeneinander abgewogen werden und können erst dann in ihrer Gesamtheit in einem bestimmten Falle zur berechtigten Anwendung oder Ablehnung der Bezeichnung ‚vitalgefärbt' verhelfen."

Die Auseinandersetzung zwischen Zelle und Farbstoff beziehungsweise jeder aufgenommenen Substanz ist der Vorgang, der einer Vitalfärbung zugrunde liegt. Je nach Art und Menge der angebotenen Substanz werden Reaktionen auftreten, die sogar zum Tod einzelner Zellen, zur Schädigung des gefärbten Organes oder Organismus führen. Die Grenzen zum pathologischen Geschehen sind also keineswegs scharf zu ziehen und müssen jeweils nach Fragestellung und Versuchsanordnung abgesteckt werden.

Ziel und Zweck der Vitalfärbung hat im Laufe der Zeit beträchtliche Wandlungen durchgemacht. Färbungen bestimmter Körperregionen durch äußere Applikation (Tätowierungen) oder durch Aufnahme pflanzlicher und tierischer Farbstoffe mit der Nahrung regten sicherlich schon vor Zeiten zur Analyse der Funktion verschiedener Organe an. Die erste wissenschaftlich belegte, gezielte Vitalfärbung basiert ebenfalls auf derartigen Beobachtungen: Der französische Arzt Antoine MISSAUD (1567) verfütterte Krapp an junge Tiere und studierte dann die Knochenbildung. Auf dieser Basis wurden im 18. Jahrhundert zahlreiche Untersuchungen des Knochenwachstums vorgenommen (nach MÖLLENDORFF 1926).

Neben dem Bestreben, bestimmte Strukturen durch eine „vitale Anfärbung" besser sichtbar zu machen, rein morphologischen Zielen also, stand schon sehr früh die Frage „W i e" im Mittelpunkt des Interesses. Diese funktionelle Betrachtungsweise war es, der wir wesentliche Erkenntnisse über Zell- und Organfunktionen verdanken. Farbstoffaufnahme, intrazelluläre Verarbeitung, Speicherung und Abgabe, Fragen der Permeabilität, der Farbstoffbindung, die Abhängigkeit dieser Zellfunktionen von der physikochemischen Struktur der Farbstoffe und viele andere waren die Themen der klassischen Periode der Vitalfärbungsgeschichte.

Nach der Blütezeit der Vitalfärbungsforschung (bis 1938) und dem Beginn der „histochemischen Ära" wurde die Vitalfärbungstechnik „unmodern"; dazu trug die nach 1945 rasch fortschreitende Verbreitung der Phasenkontrastmikroskopie — als idealer Untersuchungsmethode lebender und überlebender Präparate — wesentlich bei. Eine gewisse Renaissance brachte die Einführung und Verbreitung der Fluoreszenzmikroskopie (Haitinger 1934, Hirt 1936). Neben dem Nachweis von Eigenfluoreszenzen gelingt es mit dieser Technik auch, verschiedene fluoreszierende Farbstoffe (Fluorochrome) in den Zellen darzustellen. Die Möglichkeit der Markierung bestimmter Eiweißverbindungen durch Farbstoffe (Koppelung) eröffnete ein neues, ergiebiges Randgebiet der Vitalfärbung (Coons 1956, Mayersbach 1958, 1962, und viele andere).

Während die exakte Lokalisation der aufgenommenen Farbstoffe in den Zellen sowie die Darstellung der verschiedenen Reaktionsprodukte mit lichtmikroskopischen Methoden nur ganz grob möglich ist, bringt die elektronenmikroskopische Untersuchung vitalgefärbter Objekte auch diesbezüglich neue Aufschlüsse und Erkenntnisse (Schmidt 1961, 1962). Diese Untersuchungen stehen erst am Anfang, versprechen jedoch eine wesentliche Bercicherung unserer Kenntnisse.

III. Vitalfarbstoffe (Hellfeld- und Fluoreszenzfarbstoffe — Diachrome und Fluorochrome)

Bei Betrachtung der einleitend aufgezählten Techniken und Anwendungsgebiete wird es klar, daß der Versuch, den Begriff „Vitalfarbstoff" zu definieren und abzugrenzen, nicht einfach ist. Conn (1961) beantwortet die Frage, „Was ist ein biologischer Farbstoff?" sehr einfach, indem er erklärt: „... a biological stain is a stain used for making microscopic objects more clearly visible than they would be unstained." Bei logischer Anwendung dieser Definition müssen wir zu den Vitalfarbstoffen alle Substanzen rechnen, die von lebenden Zellen oder Geweben aufgenommen werden und bestimmte Zellverbände oder Zellorganellen besser darstellen, als diese ungefärbt sein würden. Schmidt (1961) definiert Vitalfarbstoffe folgendermaßen: „... daß hierunter ganz allgemein Stoffe verstanden werden, die von den Zellen aufgenommen und ohne große Schädigung verarbeitet werden und die geeignet sind, durch ihren Kontrast zum Substrat die Orte ihrer Akkumulation zu markieren. Der herkömmliche Farbcharakter ist hiefür von sekundärer Bedeutung. Er hängt ohnedies weitgehend von der Wellenlänge des zur Abbildung verwandten Lichtes ab, weshalb auch die Fluorochrome in diese Kategorie einbezogen werden..." Zu den Verbindungen, die nach ihrer chemischen Konstitution Farbstoffe sind, müssen wir also auch andere Stoffe, wie Tusche, Kohleteilchen, Schwermetallverbindungen und mineralische Ablagerungen, hinzufügen, wenn sie zur Darstellung bestimmter Zellen oder Zellbestandteile verwendet werden können. In diesem Sinnne stellen radioaktive Isotope, die in Zellbausteine eingebaut werden können, ohne deren physiologische Eigenschaften erkennbar zu verändern, wohl die idealsten „Vitalfarbstoffe" dar.

Für die elektronenmikroskopische Untersuchung und Darstellung ist nicht die Farbe, das heißt, die selektive Absorption bestimmter Anteile des sichtbaren Lichtes, sondern die Absorption der Elektronen, also die Elektronendichte, maßgebend. Die Aufnahme, Speicherung und Ausscheidung elektronenmikroskopisch darstellbarer „Farbstoffe" kann mit wesentlich stärkeren Vergrößerungen analysiert werden und vermittelt so neue oder eingehendere Kenntnisse der Zellphysiologie.

Als Vitalfarbstoffe im engeren Sinne wurden im Laufe der Zeit wohl alle in der histologischen und biochemischen Technik gebräuchlichen Farbstoffe verwendet. Eine umfassende Zusammenstellung von Vitalfarbstoffen und eine Darstellung ihrer Charakteristiken finden sich bei Kiyono (1938). Nur wenige davon werden routinemäßig verwendet. Conn (1953) faßt die wichtigsten tabellarisch zusammen:

Tabelle 1.

Azofarbstoffe:	Bismarckbraun Y	basisch	Absorpt.	Max.	463 mμ
	Chrysoidin Y	,,	,,	,,	461 mμ
	Trypanrot	sauer	,,	,,	
	Benzopurin 4 B	,,	,,	,,	497 mμ
	Trypanblau	,,			
	Vitalrot	,,	,,	,,	498 mμ
	Dianilblau 2 B	,,	,,	,,	568 mμ
	Janusgrün B	,,	,,	,,	610—623 mμ
Chinonfarbstoffe:	Methylenblau	basisch	,,	,,	664—666 mμ
	Thionin	,,	,,	,,	598—599 mμ
	Toluidinblau	,,	,,	,,	620—622 mμ
	Nilblausulfat	,,	,,	,,	635—645 mμ
	Brillantkresylblau	,,	,,	,,	624—628 mμ
	Neutralrot	schwach basisch	,,	,,	540—542 mμ
	Safranin O	basisch	,,	,,	610—623 mμ
Phenyl-Methan- farbstoffe:	Kristallviolett	,,	,,	,,	589—593 mμ
	Methylviolett	,,	,,	,,	583—587 mμ

Eine andere, etwas ausführlichere Tabelle der Vitalfarbstoffe und ihrer Eigenschaften stellte Ries (1938) zusammen (s. Tab. 2, S. 8).

Weitere Farbstoffe — wie Eosin — werden hauptsächlich für Ausscheidungsversuche, andere dagegen — wie Isocyanate und Rhodamine — zur Koppelung mit Eiweißverbindungen verwendet.

Farbstoffe, die bei Bestrahlung mit Blaulicht (4800—3000 Å) oder mit ultraviolettem Licht (< 3000 Å) fluoreszieren, wurden von Haitinger (1934) als Fluorochrome bezeichnet. Harms (1959) hat die wichtigsten davon in einem eigenen Kapitel seines Handbuches zusammengefaßt und bringt dort auch Angaben über Ergebnisse der bekannten Arbeiten. Über die Fluoreszenzfarben einiger Fluorochrome und ihre Abhängigkeit von der Reaktion des Lösungsmittels informiert ein Auszug aus den Tabellen von Werth

Tabelle 2.

Farbstoff-Bezeichnung	Reaktion Ladung	Lipoid-löslichkeit	Bevorzugte Anwendungsart	Leistung Darstellungsobjekte	Bemerkung
Trypanblau (Diaminblau)	sauer	—	parenteral (oral)	Speicherzellen, RES, Exkretionsorgane, granulär gespeichert	gebräuchlichster saurer Vitalfarbstoff (gut fixierbar)
Pyrrolblau (Isaminblau)	,,	—	ähnlich wie Trypanblau	,,	leicht fixierbar, bei Wirbellosen weniger giftig als Trypanblau
Alizarin	,,	—	oral	Knochensystem, Exkretionsorgane, Nervensystem	in Kalkwasser fixierbar oder bereits im Substrat fixiert
Kongorot	,,	—	oral, Milieufärbung	Selektive Darstellung der Riechstäbchen bei Daphnien, Darminhalt, Kutikularbildungen	
Eosin	,,	—		ungenügende Speicherung, rasche Ausscheidung	
Erythrosin	,,	—		,,	
Ammoniakkarmin	umladbar	—	parenteral	wie Trypanblau	nur von älteren Untersuchern verwendet
Lithiumkarmin	,,	—	,,	,,	,,
Sudan III Scharlachrot Fettponceau	indifferent	+++	oral, (parenteral)	Indikator für Fettsubstanzen	
Neutralrot	basisch	++	parenteral (Milieufärbung)	diffuse vitale Cytoplasmafärbung, vitale Kernfärbung	
Methylenblau	,,	++	,,	,,	Elektive Nervenfärbung
Toluidinblau	,,	++	,,	,,	
Nilblausulfat	,,	++	,,	,,	erlaubt auch Rückschlüsse auf Fettsubstanzen
Janusgrün	,,	++	,,	bei guter O_2-Versorgung kurzdauernde Mitochondrienfärbung	

(Haitinger 1959), die in Anlehnung an Strugger (1949) zusammengestellt
sind:

Tabelle 3.

	pH	Fluoreszenzfarbe
Basische Fluorochrome		
Benzoflavin	0,3— 0,7	gelb—grün
Chininsulfat	3,8— 6,1	hellblau—Violett
Acridin	4,8— 5,0	eisblau—ultramarin
Acridinorange	8,4—10,4	schwach laubgrün—stark gelb-grün
Neutralrot	7,0	farblos—kreß
Pyronin	10,0—10,3	gelb—ultramarin
Acridinrot	10,0—11,0	gelb—ultramarin
Saure Fluorochrome		
Eosin	0,0— 3,0	farblos—gelbgrün
Äskulin	1,1— 1,5	indigo—blau
Phloxin	3,4— 5,0	farblos—gelb
Fluorescein	4,0— 4,5	farblos—grün
Chininsäure	4,0— 5,0	gelb—blau
Chromotropsäure	6,0— 7,0	farblos—blau
Beta-Methylumbilliferon	7,0— 7,2	farblos—klar
Kumarsäure	7,2— 9,0	farblos—grün
Kumarin	9,8—12,0	schwach gelbgrün—hellgrün

Zur Verwertbarkeit solcher Tabellen sind vor allem Angaben über die
untersuchten Konzentrationen notwendig, da sich sowohl die Intensität als
auch die Fluoreszenzfarbe ändert (Strugger 1949). Weiters spielt für den
Farbwert des emittierten Lichtes unter anderem der zur Einstellung der
gewünschten Wasserstoffionenkonzentration verwendete Puffer eine
wesentliche Rolle (Schümmelfeder 1956).

Von allen bekannten Vitalfluorochromen hat bisher das Acridinorange
die größte Verbreitung gefunden (Anwendung siehe unter Vitalfluorochromierung). Trypaflavin und Fluoreszein eignen sich — neben anderen Ver-
wendungsmöglichkeiten — besonders zu Ausscheidungsversuchen (Lit. bei
Haitinger 1959).

Die chemische Struktur der Vitalfarbstoffe ist nur
einer der Faktoren, die für das Färbeergebnis verantwortlich sind; sie wird
häufig als Grundlage für die systematische Einteilung der Vitalfarbstoffe
herangezogen. Die gebräuchlichsten Einteilungen beruhen jedoch auf
physikalisch-chemischen Eigenschaften:

1. Saure — anodische; färbender Anteil ist das Anion. Basische — katho-
dische; färbender Anteil ist das Kation. Neutrale — im gesamten pH-Be-

reich praktisch undissoziiert, vorwiegend molekular gelöst und stark lipoid-löslich.

2. Molekulardisperse und hochkolloidale.
3. Lipoidlösliche und lipoidunlösliche.
4. Oberflächenaktive und -inaktive.

Weiter sind die Ladung und Umladbarkeit sowie die Dispersität der Farbstoffe in Abhängigkeit vom pH und anderen Eigenschaften des Lösungsmittels zu beachten.

Voraussetzung für eine reproduzierbare Arbeit mit Vitalfarbstoffen ist vor allem deren R e i n h e i t. Die meisten der kommerziell vertriebenen Farbstoffe sind Gemische und weisen verschiedene Verunreinigungen auf, die teilweise auch für ihre Giftigkeit oder für besondere physikochemische Eigenschaften verantwortlich sein können. Eine Reinigung durch wiederholte Fällung und Lösung, durch Säulenchromatographie, wie sie von Zanker (1952) angegeben und empfohlen wurde, oder durch andere Trennungsmethoden ist daher ratsam.

Viele Farbstoffe sind wegen ihrer T o x i z i t ä t als Vitalfarbstoffe nicht verwendbar (Wiede und Meyer 1955, Zeiger 1958). Die Ursachen der Giftigkeit der einzelnen Verbindungen sind recht unterschiedlich: Einerseits wird durch den Farbstoff das physikalisch-chemische Milieu der Zellen verändert und so z. B. das Reaktionsoptimum verschiedener Fermente beeinflußt, anderseits treten Verbindungen der Farbstoffe mit Zellbausteinen wie Nukleinsäuren, Polysacchariden, Eiweiß usw. auf, die für die Zelle Fremdkörper darstellen und lebenswichtige Vorgänge (z. B. die Mitose) hemmen.

Für die Analyse des Vitalfärbungsgeschehens sind ferner alle Kenntnisse der p h y s i k o c h e m i s c h e n E i g e n s c h a f t e n d e r v e r - w e n d e t e n F a r b s t o f f e wesentlich. Zeiger (1938) und auch Ries (1938) diskutieren die älteren einschlägigen Untersuchungen besonders bezüglich der Kapitel Teilchengröße, Ladungssinn und Umladbarkeit der Farbstoffe. Zahlreiche weitere Details finden sich im Handbuch der Farbstoffe für die Mikroskopie von Harms (1959), der auch die einschlägige Literatur umfassend zitiert.

Für die eindeutige und sichere Reproduzierbarkeit von Vitalfärbungsexperimenten müssen außerdem die L ö s u n g s v e r h ä l t n i s s e genau definiert werden: Angaben über H-Ionenkonzentration, Oberflächenspannung und osmotischen Druck sowie über Dichte, Viskosität, Dielektrizitätskonstanten und Temperatur sind unentbehrlich. Weitere entscheidende Faktoren sind das Alter der Farbstofflösung, Zusätze von Elektrolyten und Kolloiden. Eine neue Unbekannte bringt das Einführen z. B. wäßrig gelöster Farbstoffe in Blut oder andere Körperflüssigkeiten, wie Lymphe, Liquor cerebrospinalis, Kammerwasser und Amnionflüssigkeit, die durch Modellversuche charakterisiert und aufgeklärt werden soll. Ein charakteristisches Beispiel für die Abhängigkeit der Topographie, der Stärke und Art der Speicherung von *Ferrum saccharatum* von der Stabilität bzw. Flockbarkeit der Lösung hat Boerner-Patzelt (1924) in einer umfangreichen Untersuchung zusammengestellt. Zeiger (1938) fordert, daß der

Biologe selbst die chemisch-physikalischen Analysen der Farbstofflösungen und der bei der eigentlichen Färbung vorkommenden Lösungsbedingungen ausführen soll. Dies gilt besonders für alle Untersuchungen, die physikalisch-chemische Fragen betreffen.

Die Methodik der Vitalfärbung ist von Objekt und Fragestellung abhängig. Der Farbstoff kann entweder dem Lebensmilieu direkt zugesetzt werden, wie bei der Vitalfärbung kleiner Wassertiere. Es handelt sich dann um eine Allgemeinfärbung oder unter besonderen Umständen um eine selektive Färbung bestimmter Gewebe (FISCHEL 1910, GICKLHORN 1931, KELLER 1932, RIES 1938, und andere); solche Untersuchungen wurden hauptsächlich an Wirbellosen durchgeführt. Zur Allgemeinfärbung von Hühnerembryonen werden die in Frage kommenden Farbstoffe am besten in die Luftkammer des Eies injiziert, von wo sie sich ausbreiten und über die Blutbahn in den Embryo gelangen (FREERICHS 1954). Eine Allgemeinfärbung kann auch durch enterale und parenterale Farbstoffverabreichung erzielt werden. Bei der Verfütterung ist es in vielen Fällen zweckmäßig, die Farbstofflösungen mit Magensonden einzubringen; die Quantitäten der aufgenommenen Farbstoffe sind jedoch von den Resorptionsverhältnissen und den Mengen der ausgeschiedenen Farbstoffe abhängig.

Parenteral kann der Vitalfarbstoff entweder direkt in die Blutbahn (intravenös, intraarteriell) oder in die Lymphe, ins Bindegewebe (subkutan), in die Muskulatur (intramuskulär) oder in Körperhöhlen (intraperitoneal, intrapleural, intraartikulär, intradural) eingebracht werden. Vom Beobachtungszeitpunkt ist es dann abhängig, ob die Färbung noch lokal oder schon mehr diffus ist. Ausgesprochen lokale Färbungen können an der Haut (Tätowierungen) oder an Schleimhäuten (*Conjunctiva, Portio vaginalis uteri*) vorgenommen werden.

IV. Auswertungsmethoden

In vielen Fällen ist das Ergebnis der Vitalfärbung bereits makroskopisch sichtbar. Zur qualitativen und quantitativen Erfassung der gespeicherten und ausgeschiedenen Stoffe können physikalische und chemische Analysen, wie Absorptionsmessungen, Chromatographie usw., herangezogen werden. Die Farbstoffbindung und -speicherung in verschiedenen Organen läßt sich durch chemische Aufbereitung fraktioniert oder summarisch erfassen.

Die exakte Lokalisation der Speicherungen und Ablagerungen innerhalb der Gewebe und Organe, besonders aber innerhalb der Zellen, bleibt mikroskopischen und submikroskopischen Methoden vorbehalten.

Die Vitalmikroskopie im Durchlicht und Auflicht ermöglichte die Erarbeitung der wichtigsten Ergebnisse der Vitalfärbungsgeschichte. Spezielle Beleuchtungssysteme für Auflichtuntersuchungen gestatten auch stärkere Vergrößerungen an nicht durchstrahlbaren Objekten. Eine besondere Entwicklung in dieser Richtung stellt das Kolposkop dar, das in Verbindung mit der Vitalfärbung die Frühdiagnose metaplastischer und carcinomatöser Zellveränderungen ermöglicht.

Die vitale D u r c h l i c h t u n t e r s u c h u n g ist auf wenige, geeignete, durchstrahlbare Objekte beschränkt. Neben kleinen Wassertieren eignen sich besonders Explantate und Kulturen für längere Beobachtungen. Auch mikrokinematographisch können an derartigen Objekten die intrazelluläre Stoffablagerung und die dadurch ausgelösten Zellreaktionen dargestellt werden. Bei diesen Analysen leisten Dunkelfeld-, Phasen- und Anoptralkontrast- sowie Interferenzmikroskopie gute Dienste.

Kurzwelliges Licht (300—400 mμ) erregt in unbehandelten Präparaten vital, supravital und postmortal Leuchteffekte, die sogenannte Primär- oder Eigen f l u o r e s z e n z ; durch Einbringung geeigneter Farbstoffe (Fluorochrome) erzielbare Leuchterscheinungen werden dagegen als sekundäre Fluoreszenz bezeichnet. Schon sehr geringe Mengen eines Fluorochroms — im Vergleich zu den Diachromen — genügen für den Nachweis im ultravioletten Licht. Diese Tatsache war der Hauptgrund, daß diese Technik gerade für Vitalfärbungsexperimente in besonderem Maße herangezogen wurde. Im Lauf der Jahre wurde eine Reihe von Spezialgeräten für fluoreszenzmikroskopische Untersuchungen entwickelt, über deren Bau und Wirkungsweise in der neueren Literatur genaue Angaben zu finden sind (Haitinger 1938, 1959, de Lerma 1958, Gottschewski 1954, 1958, Young 1961). Besondere Vorteile bieten Geräte, die eine Kombination von Phasenkontrast- und Fluoreszenzmikroskop darstellen und abwechselnd dieselbe Struktur morphologisch und fluoreszenzoptisch erfassen oder sogar beide Verfahren zu einem Bild vereinigen (Haselmann und Wittekind 1957, Price und Christenson Le Roy 1957, Kunz, Gabler und Herzog 1961).

Neben der direkten Vitaluntersuchung sind wir bei vielen Objekten zur Herstellung von I s o l a t i o n s präparaten gezwungen. Dabei kommt es entweder durch den Tod des Versuchstieres, durch lokale Ausschaltung des Blutkreislaufes oder durch mechanische Schädigungen bei der Entnahme des Gewebes zum Absterben einzelner Zellindividuen. Der individuelle Zelltod erfolgt dabei durchaus nicht gleichzeitig bei allen Zellen. Dies hat jedoch eine eingreifende Veränderung der Farbstoffverteilung zur Folge. Zur Erhaltung des im vitalen Zustand in die Zelle aufgenommenen und intrazellulär gebundenen bzw. gespeicherten Farbstoffes ist eine Reihe von Methoden angegeben worden (Mayer 1889, Möllendorff 1926, Snook 1939, Romeis 1948, Izquierdo 1954, Maki 1958 und viele andere). Besondere Vorteile für solche Untersuchungen bieten native Gefrierschnitte (Schultz-Brauns 1931, 1932) und die Methoden der Gefriertrocknung (Altmann 1890, Bensley und Gersh 1932, Neumann 1955, 1958).

Erst durch den Einsatz des E l e k t r o n e n m i k r o s k o p s ist es möglich geworden, präzisere Angaben über die Feinstrukturen der Zellen und ihrer Organellen zu bekommen. Doch auch die elektronenmikroskopische Präparationstechnik ermöglicht nur in seltenen Fällen die direkte Darstellung aufgenommener Vitalfarbstoffe, da niedermolekulare Verbindungen keinen ausreichenden Kontrast geben und die Farbstoffteilchen selbst sowie auch ihre Verbindungen mit biologischen Strukturen noch unter dem Auflösungsvermögen der Geräte liegen. Durch Verwendung stark absorbierender Metallkolloide als Vitalfarbstoffe, wie Goldsol, Myofer (Schmidt

1961), Quecksilbersulfid, Thoriumdioxyd (ODOR 1956, HAMPTON 1960, TRUMP 1961), kann der Resorptions- und Exkretionsweg solcher Stoffe markiert werden. In den Fällen, in denen die eingebrachten Farbstoffe nicht direkt nachweisbar sind, treten häufig Reaktionsprodukte auf, deren Entstehung und Schicksal analysiert werden kann.

Die Konservierung von Vitalfarbstoffen in den Zellen stellt in der Lichtmikroskopie wie in der Elektronenmikroskopie ein gleich schwieriges Problem dar. Als Fixierungsmittel für elektronenmikroskopische Untersuchungen werden nach erprobten Rezepten vor allem gepufferte, isotone 1%-OsO_4-Lösungen (PALADE 1952, CAULFIELD 1957), daneben aber auch Formol (PEASE 1960) und Kaliumpermanganat (LUFT 1956) verwendet. Gerade die Formalin-Fixierung bietet den Vorteil, daß das fixierende Agens selbst keinen nennenswerten Kontrast besitzt und im kontrastarmen Gewebe dadurch auch Einlagerungen mit geringer Elektronendichte deutlicher hervortreten. Anderseits kann man durch Nachbehandlung des fixierten Gewebes oder der Schnitte mit Schwermetallsalzen, wie Uranylacetat, Bleihydroxyd, Bleiacetat und anderen, eine Kontrastierung bestimmter Zellbausteine, wie Nukleinsäuren und Glykogen, erzielen (PEASE 1960, MERCER und BIRBECK 1961, REIMER 1959, KAY 1961, HAINE und COSSLETT 1961 und andere); damit wird die Analyse der durch die Vitalfärbung verursachten Zellveränderungen und der an der Farbstoffbindung beteiligten Zellstrukturen möglich.

Zur elektronenmikroskopischen Verarbeitung kann das vitalgefärbte Material sowohl in Methacrylat als auch in andere polymerisierende Kunststoffe, wie Vestopal, Araldit, Plexigum, Epon oder Epikote, eingebettet werden; die bei Methacrylaten häufig auftretenden Einbettungsschäden (BORYSKO 1956) kann man durch Verwendung anderer Kunststoffe, z. B. von Kunstharzen, weitgehend vermeiden. Mit leistungsfähigen Ultramikrotomen werden Einzelschnitte und Serien ultradünnner (—500 Å) Schnitte alternierend mit dickeren Schnitten (0,1—1,0 μ) angefertigt; damit ist die vergleichende licht- und elektronenmikroskopische Untersuchung möglich. Über die verschiedenen Elektronenmikroskope, ihre Bauprinzipien, Bedienung und weiteren Details geben zahlreiche Autoren (REIMER 1959, PEASE 1960, KAY 1961, HAINE und COSSLETT 1961 und andere) erschöpfend Auskunft.

V. Anwendungs- und Arbeitsgebiete der Vitalfärbungstechnik

A. Morphologie, allgemeine Organ- und Zellphysiologie

Eines der ursprünglichsten Ziele der Vitalfärbungstechnik war es, in ungefärbten Organismen bestimmte Organe beziehungsweise Zellverbände und Zellen sichtbar zu machen. Diese Anwendung führte vor allem bei primitiven Tierarten in der Hand ausgezeichneter Experimentatoren, wie FISCHEL, GICKLHORN, KELLER, RIES, VONWILLER usw., zu sehr brauchbaren Ergebnissen.

Bei der Auswertung von derartigen Versuchen ist zu bedenken, daß jede Vitalfärbung ein sehr dynamisches Geschehen darstellt, die Ergebnisse also kein Dauerzustand sind, sondern sich fortwährend verändern; die einzelnen Phasen der Farbstoffaufnahme und -verarbeitung müssen daher immer zu bestimmten Organen oder Zellorganellen in Beziehung gesetzt werden; durch die laufende Veränderung des Erscheinungsbildes rückt die funktionelle Betrachtung und Auswertung in den Vordergrund.

Für die Differenzierung morphologisch faßbarer Eigenschaften der Zelle stehen uns derzeit physikalische Methoden wie Polarisations-, Dunkelfeld-, Phasenkontrast-, Interferenz- und Elektronenmikroskopie zur Verfügung. Vitalfärbungsexperimente sind hierbei weitgehend entbehrlich. Für die selektive Darstellung bestimmter Organe, Gewebe, Zellen und Zellorganellen und ihrer physiologischen Leistungen bleibt jedoch die Vitalfärbung weiter eine unentbehrliche Hilfe. Der Ausbau der Vitalfärbungstechnik in dieser Richtung wurde vor allem von Keller (1932), Gicklhorn und Mitarbeitern (1932) und von Ries (1938) durchgeführt.

Zur Vitalfärbung des Nervengewebes wurde von P. Ehrlich (1885) der auf der Suche nach Modellsubstanzen für Arzneistoffe entdeckte basische Farbstoff Methylenblau erstmalig verwendet. Auch die Vitalfarbstoffe Neutralrot, Thionin und Toluidinblau wurden von ihm eingeführt. Ehrlich glaubte, daß die Blaufärbung der Nervenfasern von einer ausreichenden Sauerstoffspannung im Gewebe abhängig sei und stellte fest, daß der Farbstoff auch in den übrigen Körpergeweben angereichert in der reduzierten farblosen Leukoform vorliegt. Bei ausreichender Vitalfärbung des Nervengewebes wirkt Methylenblau jedoch stark toxisch auf Atemzentrum, Herz und glatte Muskulatur (nach Zeiger 1938). Die selektive Darstellung des Nervengewebes mit Methylenblau ist somit im Hinblick auf den Gesamtorganismus eine supravitale, wenn auch für den positiven Ausfall der Reaktion eine aktive Stoffwechselleistung des gefärbten Gewebes Voraussetzung ist.

Zahlreiche Untersuchungen betreffen die theoretischen Grundlagen sowie Modifikationen der Vital- beziehungsweise Supravitalfärbung des Nervengewebes mit Methylenblau (Mayer 1889, Dogiel 1927, Worobiew 1925, Schabadasch 1930 und viele andere); besonders soll auf die grundlegenden Arbeiten von Schabadasch hingewiesen werden, der nachweisen konnte, daß weder eine Sauerstoffaktivierung in den Geweben noch die Sauerstoffsättigung der Zellen und Fasern für diese „Vitalfärbung" mit Methylenblau nötig ist, sondern daß es dabei auf die Mobilisierung der Wasserstoffatome ankommt. Die Funktion des Methylenblaus als kräftiger Wasserstoffakzeptor wurde durch Zugabe hemmender und fördernder Substanzen erhärtet. Auch Zusammenhänge zwischen dem Kohlehydratstoffwechsel und der anaeroben Glykolyse einerseits und dem Ausfall der Methylenblauoxydation anderseits konnte Schabadasch aufdecken. Technische Einzelheiten über die ursprünglichen und modifizierten Methoden der supravitalen Methylenblaufärbung finden sich bei Romeis (1948).

Neben Methylenblau wurde zur supravitalen Elektivfärbung des Nervengewebes auch Toluidinblau und Alizarin verwendet (Ries 1938). Methylenblau kann sowohl in der oxydierten Form als auch in der reduzierten Leukoform verabreicht werden. Nach Harris und Peters (1953) permeiert es in der Leukoform leichter in Haifischembryonen und liefert bessere Resultate.

Eine selektive Darstellung bestimmter homologer Regionen des Zentralnervensystems gelang FLEISCHHAUER und HORSTMANN (1957) mit intravitaler Dithizonfärbung; die Ursachen dieser Reaktion sind jedoch noch nicht geklärt.

Bei der bereits erwähnten Darstellung der Grundsubstanz wachsender Knochen mit dem aus Krapp gewonnenen oder synthetisch hergestellten Alizarin kommt es zur Anlagerung der Farbstoffe an die noch nicht an Gewebestoffe gebundenen Kalksalze (ROMEIS 1948). Nach RICHTER (1937) enthält die Krapppflanze ein Farbstoffgemisch aus Alizarin, Purpurin und Purpurincarboxylsäure sowie dem Glykosid Galiosin. Von diesen Komponenten ist besonders das Purpurcarboxyl für die purpurrote Farbe verantwortlich. Auch mit Trypanblau und Chlorazol-Tiefrosa kommt es zu einer Vitalfärbung neugebildeter Knochenareale; die Trypanblaufärbung soll dabei auf der Bindung des Farbstoffes an die Protein-Karbohydratkomponente der Bindegewebsgrundsubstanz beruhen (Moss 1954).

Mit letzterer Färbung kommt es bei subkutaner Verabreichung des Farbstoffes zu einer starken Vitalfärbung der elastischen Fasern und Lamellen der Arterien, besonders der Aorta, während die elastischen Elemente anderer Gewebe keine Färbung zeigen (WILLIAMS 1949). Auch vom *Stratum synoviale* der Kniegelenke von Ratten wird Trypanblau vital angereichert (LANG 1954). Auf ähnlichen Ursachen wird wohl auch die von GOLDMANN (1913) eingeführte Darstellung der Blut-Liquorschranke mit Trypanblau beruhen. LEONHARDT (1952) empfiehlt für die Beurteilung feinerer Permeabilitätsschwankungen im Bereich der Blut-Liquorschranken des Gehirns innnerhalb physiologischer Grenzen Geigyblau 536 und lehnt das von BECKER und QUADBECK (1950) besonders empfohlene Triphenyltetrazoliumchlorid (TTC) wegen seiner Toxizität ab. Sowohl bei den bereits genannten Farbstoffen als auch bei weiteren — wie Pyrrolblau und Karmin —, die zur Lösung ähnlicher Fragen verwendet wurden, handelt es sich um saure kolloidale Stoffe, die von Zellen und Grundsubstanz mehr oder weniger lang festgehalten werden.

Bei länger dauernder Administration von Silbersalzen kommt es in vielen Geweben und Organen tierischer Organismen zur Ablagerung von metallischem Silber. Dieses Phänomen, das auch nach längerer medikamentöser Behandlung mit Silbersalzen auftreten kann, wird klinisch als Argyrie bezeichnet. Diese Vitalfärbung, die, in längeren Tierversuchen geprüft, in gewissen Grenzen als ganz unschädlich bezeichnet wird, kann experimentell durch Zusatz von $AgNO_3$ zum Trinkwasser der Versuchstiere im Verlauf einiger Monate erzeugt werden. Nach eingehenden lichtmikroskopischen Untersuchungen wurden zur genauen Lokalisation der Silberteilchen auch elektronenmikroskopische Untersuchungen angestellt. DEMPSEY und WISLOCKI (1955) fanden nach längerer Verabreichung an Ratten, Mäuse und Meerschweinchen granuläre Ablagerungen in Niere, Leber, Schilddrüse und Pankreas bevorzugt in den Basalmembranen der *Glomeruli*, der *Pars contorta* des Hauptstückes der Niere und verschiedener Drüsen, besonders im Bereich der Basalmembranen von Gefäßendothelien sowie im Cytoplasma fixer und freier Makrophagen.

Van Bremen und Clemente (1955), ferner auch Dempsey und Wislocki (1955), untersuchten nach Silberadministration besonders eingehend die Blutliquorschranke; auch hier kommt es zu einer Ablagerung der Silberkörnchen in den Basalmembranen, auf denen das Kapillarendothel liegt, beziehungsweise in dem die Gefäße umgebenden Bindegewebe. Unterschiede zwischen verschiedenen Gehirnregionen betreffen demnach hauptsächlich diese Bindegewebs-Scheide der Blutgefäße. Dagegen kommt es auch bei längerer AgNO$_3$-Verabreichung zu keiner Ablagerung in den neuralen Elementen der Retina, sondern ebenfalls in der Basalmembran der *Processi ciliares* und in der Bruchschen Membran zwischen Choriocapillaris und Pigmentepithel; ganz feine Ablagerungen finden sich auch in der Wand der Netzhautgefäße (Wiklocki und Ladman 1955).

Die vitale Trypanblaufärbung und die Administration radioaktiver Phosphorverbindungen zeigten außerdem, daß diese Schranke zwischen Mesenchym und ektodermalem Nervengewebe bei Feten und jungen Tieren noch unvollständig ausgebildet ist (Behnsen 1927, Bakay 1953). Im Bereich abgeheilter Verletzungen und besonderer, umschriebener Regionen des Zentralnervensystems — wie *Plexus choriodeus* und Hinterlappen der Hypophyse — fehlt dagegen diese Barrierefunktion (Wislocki und Leduc 1952). Bei den beschriebenen Versuchen, deren Darstellung durchaus nicht den Anspruch auf Vollständigkeit erheben kann, handelt es sich durchwegs um die Retention negativ geladener Substanzen an den Basalmembranen um Kapillaren und größere Blutgefäße und weiter in Bindegewebszellen, Makrophagen und kollagenen Fasern. Während der Aufenthalt des Farbstoffes in den Zellen meist nur kurzdauernd ist, führt die Bindung an reduzierende Gruppen der Grundsubstanz (z. B. Polysaccharide) zur Ablagerung reduzierter — eventuell metallischer — Teilchen, die in den Geweben dann eine höhere Stabilität besitzen und daher bei längerer Verfütterung Akkumulation zeigen.

Die Bindung der Vitalfarbstoffe an Bluteiweißkörper sowie ihre Ausscheidung hat zu einer Reihe von Spezialmethoden der Vitalfärbungstechnik geführt, die hauptsächlich z u r P r ü f u n g v o n O r g a n f u n k t i o n e n verwendet werden. Hierher gehören die zum Teil mit „echten" Farbstoffen, zum Teil mit Kontrastmitteln arbeitenden Proben der Ausscheidungsfunktion von Leber und Niere, der Durchblutungsverhältnisse bestimmter Gefäßabschnitte usw. Bei den verwendeten Farbstoffen handelt es sich um Bromsulphthalein, Azorubin, Bromphenolblau und andere mehr. Auch bei Insekten kann so das Speicherungs- und Ausscheidungsvermögen gut studiert werden (Palm 1952, 1954).

Als Röntgenkontrastmittel werden derzeit hauptsächlich Jodverbindungen verwendet (Wallingford 1959, Archer 1959), die in den Geweben nicht gespeichert, sondern rasch ausgeschieden werden. Farbstoffe und Kontrastmittel mit starker Bindung an Serumeiweißkörper — Albumin — werden hauptsächlich durch die Leber, andere bevorzugt durch die Nierentubuli ausgeschieden (Lajos 1956). Über die Art des Durchtrittes dieser Verbin-

dungen durch Epithelien und Gefäßwände, das Stadium der hier sehr
flüchtigen Vitalfärbung also, sind in der Spezialliteratur kaum Hinweise
zu finden.

Zur Darstellung von Resorptionswegen im allgemeinen und der Lymph-
gefäße im besonderen dienen ebenfalls Vitalfärbungen und Vitalfluorochromierungen (Parsons und McMaster 1938, McMaster und Parsons 1938,
Naumann 1956, 1959, Brodin 1956, Kaindl 1960, weitere Literatur siehe dort).

Zahlreiche Veröffentlichungen beschäftigen sich mit der Aufnahme und
Speicherung von Vitalfarbstoffen im Hinblick auf Differenzierungsmöglich-
keiten der verschiedenen Zellen des Bindegewebes und auf die Analyse besonderer Eigenschaften speichernder Zellen. Auch in Gewebekulturen ist
die Unterscheidung verschiedener Zelltypen auf Grund ihrer Speicherfähigkeit möglich; das unterschiedliche Verhalten explantierter Zellen gegenüber Vitalfarbstoffen ermöglicht weiter die Bearbeitung von Entdiffe-
renzierungsproblemen; andere Untersuchungen an Gewebekulturen befas-
sen sich mit dem Studium chemisch-physikalischer und pharmakologischer
Einflüsse auf die vitale Farbstoffaufnahme (Fischer 1927, Levi 1928,
Gieschen 1932, Zweibaum 1938, Möllendorff 1938, Fischer 1942, Bucher
1947, weitere Literatur bei Murray und Kopech 1953).

Die Darstellung der speichernden Zellen des „Reticulo-Endothelialen
Systems" nach Aschoff (1924) in verschiedenen Organen mit sauren Vitalfarbstoffen, wie Trypanblau, Lithiumkarmin und Diaminschwarz, oder mit
kolloidaler Tusche, Kollargol und Zinnober, war ebenfalls Gegenstand
zahlreicher Untersuchungen. Dabei werden Zellen mit besonderer primärer
Phagocytose- und Speicherfähigkeit, die im ganzen Körper verteilt sind,
erfaßt. Die Topographie dieser Speichervorgänge wurde von Goldmann
(1912) für Pyrrol- und Trypanblau, von Kiyono (1914) für Karmin, von
Boerner-Patzelt (1924) für Eisensaccharat eingehend untersucht. Doch
schon vor diesen systematischen Forschungen lagen zahlreiche Beobachtungen vor, die auf gleichartige Fähigkeiten verschieden lokalisierter Zellen
hinwiesen; Boerner-Patzelt (1924) referiert diese älteren Arbeiten: Hoffmann und Langerhans (1869) sowie Ponfick (1869) studierten den Verbleib
von in die Zirkulation eingeführtem Zinnober und fanden den Farbstoff
zunächst in Milz, Knochenmark und Leber und erst bei weiterer Zufuhr
auch in den Zellen des Bindegewebes. V. Kupffer (1876, 1899) konnte mit
Tuscheaufschwemmung die Sternzellen der Leber darstellen; dieselben
Zellen markierte Cohn (1904) durch Injektion Credéscher Silberlösung noch
eindrucksvoller. Weiter berichtete Ribbert schon 1890 über die vitale
Zinnoberspeicherung von Leukocyten.

Bestimmte Zellformen des Bindegewebes — vor allem Mastzellen —
kommen auf Grund der metachromatischen Färbung ihrer Granula, beziehungsweise auf Grund der Intensität ihrer Farbstoffaufnahme, mit
Methylenblau, Toluidinblau, Kresylviolett und anderen basischen Farbstoffen fast selektiv zur Darstellung (Bartoli 1940, Wegelius und Hjelman
1955, Pettersson 1956). Auf gleichem Prinzip beruhen die metachromatischen Vitalfluorochromierungen dieser Zellen, die später diskutiert werden
(Kelly 1956, Stockinger 1958).

Der Stoffwechsel von Geweben und Einzelzellen, ihre Vitalität, Schädigungen und ihr Absterben konnten ebenfalls mit Hilfe der Vitalfärbung analysiert werden (Olivo und Boskovic 1939, Ries 1938, Zeiger 1938, Alexandrow und Nassonow 1939, Williams 1950, Torres de Castro 1955, Keller und Chiego 1955, Seeger und Schacht 1959, Wrba 1960 und viele andere).

Die Vitalfärbung von Zellbestandteilen — z. B. von Zellorganellen — hat neben morphologischen immer betont physiologische und histochemische Aspekte und wird daher in dem einschlägigen Kapitel behandelt (siehe Seite 52).

B. Entwicklungsmechanik

Während der frühen Embryonalentwicklung aller mehrzelligen Organismen treten Gestaltungsbewegungen auf, die mit der Verlagerung von Zellmaterial verbunden sind. Unter den Verfahren, die an Seeigel-, Amphibien- und Hühnchenkeimen zur Analyse dieser Vorgänge verwendet wurden, nimmt die vitale Farbmarkierung den wichtigsten Platz ein. Die erste derartige Markierung wurde von Goodale (1911) an Keimen des Höhlenmolches *Spelerpes bilineatus* mit einem Bröckchen trockenen Nilblausulfates durchgeführt. Durch Vogt (1925) wurde diese Methode dann speziell zur Markierung von Amphibienkeimen ausgebaut. Auch Vogt verwendete hauptsächlich Nilblausulfat, daneben aber auch Neutralrot und Bismarckbraun. Die Farbstoffe werden dabei aber nicht direkt appliziert, sondern zunächst an Agar gespeichert und dann mit kleinen Stücken des so vorbereiteten Überträgers genau lokalisiert auf die Keime gebracht. Analog dazu wurden auch Versuche an anderen Objekten, wie Seeigelkeimen, Hühnerembryonen usw., angestellt. Die Schwierigkeiten, die sich anfänglich durch die direkte Applikation des Farbstoffes ergaben, werden bei der Verwendung von Überträgern (Agar) weitgehend vermieden. Die Ergebnisse dieser Versuche sind die heute schon klassischen Erkenntnisse über die Zellverschiebungen während der Gastrulation und Neurulation und anderer Phasen der Primitiventwicklung (Mangold 1928, Spemann 1936, Goerttler 1950, Pasteels 1939 und andere).

Gersch und Ries (1937) konnten durch vitale Färbungen außerdem an Wurm- und Fischeiern ein Gefälle von „basischen Reaktionen" am animalen zu „sauren" am vegetativen Pol und weiter von vorherrschend oxydativen Eigenschaften im animalen Material zu überwiegend reduzierenden im vegetativen Bereich feststellen. Diese bipolare Differenzierung drückt sich durch ein Gefälle im Verlauf der primären Eiachse aus und soll damit ein Maß für den Stoffwechsel sein (Stoffwechselgradient), der sich durch die unterschiedliche Reduktion von Farbstoffen anzeigt. Eine unterschiedliche Stoffwechselintensität wurde parallel dazu auch mit anderen Methoden nachgewiesen (Ries 1939). Gräper (1936) konnte an Hühnerembryonen durch Vitalfärbung mit Neutralrot Stellen mit besonderer Wachstumsintensität darstellen; er spricht von „Stellen, wo eine Nahtverbindung oder ein Durchbruch stattfindet". Zu gleichen Ergebnissen kommen auch Stockenberg (1936) und Schilling (1936) an etwas fortgeschritteneren Entwicklungsstadien. Bieling (1937) findet bei ähnlichen Untersuchungen an Hühnerembryonen, daß sich neben den Zellen mit „erhöhter Energiespeicherung" auch degenerierte Zellen bevorzugt mit Neutralrot vital färben.

Die von Keller und seiner Schule (1932) nachgewiesene Abhängigkeit der Farbstoffverteilung im Organismus vom Ladungsverhältnis zwischen Substrat und Farbstoff wurde durch die Verwendung fluoreszierender Farbstoffe, wie Aesculin und Rhodamin, ergänzt und bestätigt (Keller und Chiego 1949).

Auch Veränderungen des Stoffwechsels der Eizellen bei der Befruchtung können vital durch Farbstoffangebote nachgewiesen werden (Whitaker 1939, Daccq 1958).

Durch Zufall erhielten Gillmann, Gilbert, Gillmann und Spence (1948) bei Injektion von Trypanblau (1 ml einer 1%-Lösung) in trächtige Ratten zwischen 7. und 10. Schwangerschaftstag eine Reihe von Mißbildungen bei den sich entwickelnden Embryonen. Die Störungen der normalen Entwicklung betrafen eine Reihe von Geweben und Organen, wie Nervensystem (Hydrocephalus, Cranioschisis, Meningokele, Spina bifida, Katarakt, Anopthalmie usw.), Extremitäten (kurzer oder fehlender Schwanz, Klumpfuß, Amputationen, Dislokationen), Gaumenspalten usw. Diese Ergebnisse wurden in der Folge bestätigt und erweitert (Kalter und Warkany 1959, Mühlerkar 1960). Seit 1952 werden bei dieser Versuchsordnung auch immer wieder Herz- und Gefäßmißbildungen beschrieben (Waddington und Carter 1952, 1953, Murakami 1952, Wilson 1954, 1955, Fox und Goss 1955, 1956, 1957, 1958, Willis 1958, Hamburgh 1952, 1954, Richman, Thomas und Konikov 1957, Christie 1961, Wegener 1961, Hoar und Salem 1961, Stephan und Sutter 1961). Es kommt bei diesen Versuchen bei allen untersuchten Tierarten durch Trypanblau und ähnliche Azofarbstoffe in der kritischen Entwicklungsperiode zu Störungen der Proliferation von Zellen mit besonderer Wachstumsintensität. Der Wirkungsmechanismus dieser Störung konnte jedoch bisher noch nicht gefunden werden. Die teratogenetische Wirkung verschiedener Trypanblausorten ist verschieden stark und verhält sich ähnlich wie der Gehalt des Blauanteiles zur Gesamtmenge des Farbstoffes (Beck 1961, Lloyd und Beck 1962). Die spezifische Wirkung der Farbstoffkomponente erscheint dabei gesichert. Diese und ähnliche Beobachtungen gewinnen im Hinblick auf Schädigungen menschlicher Embryonen durch gewisse Medikamente (Contergan usw.) ganz aktuelle Bedeutung.

C. Physiologie der Vitalfärbung

Die klassische Periode der Vitalfärbung — bis 1938 — ist gekennzeichnet durch das Bestreben, die physikochemischen Vorgänge aufzuklären, die dem Vitalfärbungsphänomen zugrunde liegen. Die gegensätzlichen Meinungen über diese Fragen prallten bei den Diskussionen zwischen

Schulemann, Nirenstein, Möllendorff, Seki, Chlopin, Kedrowski und anderen scharf aufeinander. Einige Gegensätze aus dieser Zeit ließen sich durch eine genaue Analyse und Definition der verwendeten Farbstoffe beziehungsweise der verwendeten Testobjekte aus der Welt schaffen. Nach Zeiger (1938) ist die Kenntnis der physikochemischen Konstanten der reinen Farbstoffe eine der unerläßlichen Voraussetzungen für ein erfolgreiches Studium der Vitalfärbung.

1. Untersuchungsobjekte

In zunehmendem Maße gewinnt die Erkenntnis Raum, daß nicht nur zwischen spezialisierten Organzellen wie Leber- und Nierenzellen, sondern auch zwischen morphologisch ziemlich gleichartigen Zellen wie Endothelzellen verschiedener Gefäßabschnitte (Bennet, Luft und Hampton 1959) beträchtliche physiologische Differenzen bestehen. Die Wahl des Versuchsobjektes ist daher gerade bei Vitalfärbungsexperimenten zum Studium von Farbstoffaufnahme und -verarbeitung entscheidend. Einige klassische Zellmodelle stellt Schmidt (1961) zusammen: Epidermiszellen (Triton), Amnionepithel (Hühnchen), Dünndarmepithelzellen (Maus und Triton), Mitteldarmepithelzellen (Daphnien), Tubulusepithelzellen (Niere — weiße Maus). Weitere Objekte sind die Hornhaut von Tritonlarven (Politzer 1924, Politzer und Stockinger 1954), subkutanes Bindegewebe, lymphoretikuläres Gewebe, Spermien (Strugger 1941, Stockinger 1949, Bishop and Smiles 1957), Aszites-Tumor-Zellen (Seeger 1948, 1959, Vinegar 1956, Weissmann und Gilgen 1956, Wittekind und Völcker 1957, Wittekind 1958), Blutzellen und vor allem die von humoralen und nervösen Impulsen des Gesamtorganismus isolierten Zellen von Gewebekulturen (Fischer 1927, Möllendorff 1938, Bucher 1947, Stockinger 1958 und viele andere).

Das Ergebnis der Vitalfärbung ist zum Teil abhängig vom Differenzierungsgrad der Zellen beziehungsweise von ihren normalen physiologischen Leistungen. Die genaue Kenntnis dieser Prämissen in Korrelation zum submikroskopischen Feinbau ist Voraussetzung für die Beurteilung der intrazellulären Vorgänge bei der Vitalfärbung.

2. Phasen der Vitalfärbung

Der Ablauf der Vitalfärbungsprozesse wird nach Möllendorff (1920) in drei, nach Schmidt (1961) in fünf Phasen unterteilt; es wird jedoch betont, daß die einzelnen Phasen nicht scharf gegeneinander abgegrenzt werden können und daß nicht immer alle Phasen in Erscheinung treten. Dazu kommt, daß sich in einer größeren Zellpopulation nicht alle Zellen in gleichen Färbungsstadien befinden.

Die Einteilung nach Schmidt (1961) umfaßt in Anlehnung an Möllendorff (1920) folgende Phasen: a) Farbstoffaufnahme, b) diffuse Farbstoff-

speicherung (Diffusfärbung), c) granuläre und vakuoläre Speicherung,
d) Stoffablagerung (Krinombildung), e) Farbstoffabgabe.

a) Farbstoffaufnahme

Bei lebenden Zellen ist die Aufnahme von Stoffen einerseits von deren
physikalisch-chemischen Eigenschaften und anderseits vom Verhalten der
Zelloberfläche abhängig. Die wichtigsten Farbstoffeigenschaften sind:
Molekulargröße, Dispersionsgrad, Ladungssinn und Lipoidlöslichkeit.
Dazu kommt, daß in biologischen Medien andere Lösungs- und Bindungs-
verhältnisse vorliegen als in wäßrigem Milieu. De Haan (1923) hat als
erster darauf hingewiesen, daß intravenös zugeführte Farbstoffe sofort
von Bluteiweißkörpern gebunden werden und in dieser Form im Organismus zirkulieren (Literatur bei Zeiger 1938). Dieses Verhalten wurde in der
Folge besonders bei verschiedenen Röntgenkontrastmitteln studiert
(Wallingford 1959 und andere).

Die Beteiligung der Zelloberfläche an der Farbstoffaufnahme bzw.
jeder Stoffaufnahme in Zellen hat seit Beginn der exakten Zellforschung
zu den verschiedensten Theorien und Arbeitshypothesen Veranlassung ge-
geben. Zeiger (1938) hat diese älteren Theorien zusammengestellt. Overtons
(1900) Hypothese vom Lipoidcharakter der Zelloberfläche führte zunächst
zur Annahme, daß die Lipoidlöslichkeit die wichtigste Voraussetzung für
das Eindringen der Farbstoffe in lebende Zellen sei. Einen Teil der zahlreichen Widersprüche, die sich mit dieser Theorie nicht vereinbaren ließen,
beseitigte Nirenstein (1920) mit einem modifizierten Zellmodell aus bestimmten Lipoidgemischen. Doch auch dagegen erhoben sich bald zahlreiche Einwände. Ruhland (1908) verglich die Zelloberfläche mit einem
Ultrafilter und wollte zeigen, daß die Dispersität der Farbstoffteilchen für
ihren Eintritt in die Zellen verantwortlich ist. Die Ladungshypothese bzw.
Reaktionstheorie von Bethe (1905, 1952) geht von der Annahme aus, daß
man sich die Oberfläche der Zellen für alle Farbstoffe mit Ausnahme der
grobdispersen weitgehend durchlässig vorstellen müsse und daß Reaktionen im Zellinneren über die Menge des aufzunehmenden Farbstoffes
entscheiden.

Keine dieser Theorien konnte für sich allein die beobachteten, unterschiedlichen Erscheinungen an tierischem und pflanzlichem Material klären.
Dazu schreibt Zeiger (1938): „…unter den zahlreichen die Permeabilität
von Farbstoffen regulierenden Faktoren wird jeweils immer nur ein ein-
ziger als entscheidend hingestellt, sei es nun die Lipoidlöslichkeit oder die
Teilchengröße, die Grenzflächenaktivität oder der Ladungssinn der Farbstoffe." Zeiger (1938) und auch Gicklhorn (1931) glaubten, daß am ehesten
die Ultrafiltertheorie berufen sei, die Grundlage für eine brauchbare
Permeabilitätstheorie zu bilden. Zeiger (1938) zitiert weiter ein Schema von
Kedrowski (1931), der die verschiedenen, nebeneinanderwirkenden Prinzi-
pien gegenüberstellt:

Hüllen- und Protoplasma-eigenschaften	Eigenschaften der Stoffe
1. Größe und Form der Poren.	1. Molekularvolumen einschließlich „Wasserhülle" der Teilchen („Scheinvolumen") und Form der Moleküle.
2. Elektrostatische Eigenschaften der Hüllen.	2. Elektrische Ladung, Anzahl und Lage der polaren Gruppen in Di- und Polypolen.
3. Gegenwart physikalisch-chemisch aktiver Stoffe (besonders Lipoide) im Bestand von Hüllen und Protoplasma.	3. Physikalisch-chemische „Verwandtschaften"; Lipoid- und Wasserlöslichkeit.
4. Speicherungsvermögen von Protoplasma; innere Protoplasmareaktion (Bethe).	4. Grenzflächenaktivität
	5. „Speicherungsvermögen" der Stoffe.

Als „Nebenagenzien" kommen dazu noch Eigenschaften des Mediums, in dem der Versuch läuft:

1. Osmotische Konzentration, chemische Zusammensetzung des Mediums, Gleichgewicht der Salze.

2. Aktuelle Reaktion der Außenlösung.

3. Temperatur.

Zeiger (1938) betont abschließend, daß die Übertragung physikalischer und physikochemischer Modellvorstellungen und Modellversuche auf das lebende Substrat und das Gewebe bei der Farbstoffaufnahme durch lebende Zellen nur die erste Forschungsstufe bedeutet. Weitere Fortschritte könnten nur durch neue, biologisch ausgerichtete Fragestellungen erzielt werden, wobei „... die Zelloberfläche nicht nur als eine Lipoid-Eiweißhaut angesehen wird, durch die Stoffe rein passiv treten, sondern auch als Teilstruktur der lebenden Gesamtorganisation der Zelle, in der sich auch wichtige vorbereitende Vorgänge für die Stoffaufnahme abspielen."

Die von Zeiger (1938) geforderte zweite Forschungsstufe hat zwar eine große Zahl von Untersuchungen der Permeabilität und der Funktion der Zelloberfläche gebracht, über die an anderen Stellen dieses Handbuches und in anderen Referaten ausführlich berichtet wird (Wartiovaara und Collander 1960, Rothstein 1954, Harvey 1954, Lefevre 1955, Booij und Bungenberg de Jong 1956, Hirsch 1955, Ponder 1961). Viele bedeutende Einzelergebnisse bereichern damit unser Wissen. Wie unvollständig trotzdem unsere Kenntnisse bezüglich der Stoffaufnahme in lebende Zellen sind, geht aus dem Schlußsatz Ponders hervor: „If this author were to be asked, whether he believes that a cell membrane, lipid, sievelike, or mosaic in structure, perhaps with enzyme systems incorporated in it, is solely responsible for the entrance and egress of substances in the case of the typical cell, he would have to reply that he does not know and that, on the basis of the existing evidence, he cannot know."

Die Fortschritte, die uns die elektronenmikroskopische Technik in den letzten Jahren brachte, konnten zur Lösung dieser Fragen weitere Teilergebnisse hinzufügen. Der Durchtritt und die Aufnahme niedermolekularer Verbindungen, beziehungsweise molekular-disperser Farbstoffe vom Typ Neutralrot, Methylenblau und Acridinorange, kann leider auch mit dem Elektronenmikroskop nicht direkt dargestellt werden, da diese Farbstoffe selbst keinen genügenden Kontrast geben und nicht genügend fixiert, d. h. stabilisiert, werden können (SCHMIDT 1961). Die Aufnahme semikolloidaler und kolloidaler Stoffe dagegen kann durch Verwendung geeigneter, kontrastgebender Teilchen, wie kolloidaler Schwermetallverbindungen, Metallsole, Tusche, recht gut verfolgt werden. Durch die Bindung an Plasmaeiweiß kommt es extrazellulär auch bei semikolloidalen sauren Farbstoffen (wie Trypanblau) zu wesentlich größeren Komplexen, die in der Größenordnung der Makromoleküle (Mol.-Gew. 100.000—200.000) liegen.

Gewisse Zellen des tierischen Organismus besitzen die Fähigkeit, auch größere Teilchen, ja sogar ganze Zellen, aufzunehmen. Dieser Vorgang ist meist mit starken Plasmaströmungen verbunden und wird allgemein als Phagocytose bezeichnet. Die morphologisch faßbaren Mechanismen dieses Vorganges wurden sowohl an Protozoen als auch an klassischen Objekten höherer Wirbeltiere, das sind Blutzellen, Makrophagen, Histiocyten, sowie an Gewebekulturen (Literatur bei MURRAY und KOPECH 1953) eingehend studiert. Das über den ganzen Organismus verteilte System dieser Zellen mit besonderer primärer Phagocytose- und Speicherfähigkeit faßte ASCHOFF (1924) unter der Bezeichnung „Reticulo-endotheliales System" zusammen. Der Nachweis dieser Fähigkeit erfolgte hauptsächlich mit sauren kolloidalen Vitalfarbstoffen wie Trypanblau und Lithiumkarmin, mit Tusche oder Metallteilchen. Darüber hinaus nehmen auch alle anderen Zellen und Gewebe in unterschiedlichem Ausmaß — abhängig vom Angebot und von ihrem physiologischen Zustand — derartige Stoffe auf. Embryonale Zellen besitzen ebenfalls in besonderem Maße die Fähigkeit, Farbstoffe zu speichern. Von der Verweildauer, der Akkumulation und eventuellen Umformungen der aufgenommenen Stoffe in der Zelle ist das morphologisch faßbare Bild der Vitalfärbung dann abhängig.

Die „Phagocytose" von Flüssigkeitstropfen, d. h. ihre Aufnahme in Form von Bläschen ins Zellinnere, wird als Pinocytose bezeichnet. Dieser Vorgang wurde erstmals von LEWIS (1931) an Makrophagen und verschiedenen anderen Zellen von Gewebekulturen mit Hilfe von Zeitrafferaufnahmen nachgewiesen und später oft bestätigt. Eine Reihe von Termini wie Potocytose (MELTZER 1904), Membranvesikulation (BENNET 1956), Cytopempsis (MOORE and RUSKA 1957), Atrocytose (STRAUS 1958) oder Ropheocytosis (POLICARD und BESSIS 1958) bezeichnen im Prinzip gleiche Aufnahmevorgänge, sagen jedoch zusätzlich auch etwas über das weitere Schicksal der aufgenommenen Stoffe aus. LEWIS schrieb bereits 1931 „Pinocytosis may be a much more universal process than we at present suspect". Wie recht er behalten sollte, geht aus den fluoreszenzmikroskopischen und elektronenmikroskopischen Arbeiten der letzten Jahre hervor: Holter and Marshall (1954), Brandt (1958), Chapman-Andresen und Holtzer (1960) und andere wiesen die pinocytotische Aufnahme fluoreszenzmarkierter Proteine durch Amöben nach. Die Durchschleusung markierter Proteinkomplexe durch Epithelzellen wurde seither wiederholt mit verschiedenen histologischen und immunfluoreszenzmikroskopischen Methoden beschrieben (Bennhold und Seybold 1952, Mayersbach 1958).

Im Elektronenmikroskop konnte Palade (1953) in Kapillarendothelien Einsenkungen der Zelloberfläche und von der Oberfläche abgeschnürte Bläschen im Cytoplasma darstellen, die er als (submikroskopische) pinocytotische Bläschen deutete. Ähnliches hatte vor ihm Baker 1951 an Dünndarmepithelzellen nach Verabreichung fettreicher Nahrung gesehen, jedoch zunächst nicht richtig gedeutet. Seither wurde dieser Aufnahmemechanismus als regelmäßiges Vorkommen in vielen Zellarten beobachtet und ausführlich beschrieben (Novikoff 1961, de Robertis-Nowinsky-Saez 1960, Hampton 1958, Bennet, Luft und Hampton 1959, Ruska 1960 und viele andere). Bei der Verabreichung elektronendichter Metallkolloide zeigt sich, daß auch korpuskuläre Teilchen auf diesem Weg aufgenommen werden: Parks und Peachey 1955, sowie Parks, Peachey und Chiqoine 1956 Hampton 1958 untersuchten diesen Vorgang mit Thorotrast, Quecksilbersulfid und kolloidalen Farbstoffen an Kupfferschen Sternzellen. Hampton (1960) konnte die Aufnahme von Erythrocyten beziehungsweise Erythrocytenteilen durch Kupffersche Sternzellen und Leberzellen bei neugeborenen Kaninchen darstellen. Schulz (1961) demonstriert die Phagocytose von kolloidalem Silicium-Dioxyd durch Thrombocyten. In einer großen Zahl weiterer Arbeiten finden sich Angaben über phagocytäre und pinocytotische Stoffaufnahmen: Sampaio (1956), Karrer (1960) an Alveolarmakrophagen, Harford, Hamlin und Parker (1957) an HeLa-Zellen, Odor (1956), Schmidt (1961), Staubesand (1962) am Peritonealepithel und anderen mesothelialen Grenzschichten, Bessis und Breton-Gorius (1959) an Erythroblasten, Clark (1959) am Dünndarmepithel neugeborener Tiere, Novikoff (1961), Burgos (1960), Trump (1961), Miller (1960) im Hauptstück der Niere, Farquhar und Palade (1960) am Glomerulusepithel der Rattenniere, Steinert und Novikoff (1960) an *Trypanosoma mega*. Essner (1960) konnte die Aufnahme von Erythrocytenbruchstücken in Makrophagen des Novikoff Ascites Hepatoms, Bautzmann und Schmidt (1960) die pinocytotische Aufnahme von Myofer in Amnionepithel des Hünchens verfolgen. Weiters zeigte Schmidt (1961) Trypanblau, Myofer und Goldsol in Amnion, Dünndarm, Niere von Ratte und Maus und der Urniere von Triton (Abb. 1 a—c). Kolloidales Eisen wurde im RES unter anderem von Richter (1957), Moore, Mumaw und Schönberg (1961) dargestellt. Die Aufnahme von Eisensaccharat, Thoriumdioxyd und Ferritin in die lebende Kaninchencornea sowohl von der Oberfläche als auch aus Depots, die in die Cornea injiziert wurden, stellten Kaye, Pappas und Mitarbeiter (1962 a, b) *in vivo* und *in vitro* in eindrucksvoller Weise dar.

Die ursprüngliche, strenge Unterscheidung zwischen Phagocytose und Pinocytose wurde durch diese Beobachtungen in Frage gestellt: Die Aufnahmevorgänge an sich sind in beiden Fällen im Prinzip gleich; sie unterscheiden sich zwar durch die Menge, aber nur zum Teil durch die Natur des aufgenommenen Materials, da durch Pinocytose nicht nur flüssige, sondern auch korpuskuläre Stoffe wie Kolloide aufgenommen werden.

Beide sind Mechanismen einer Zellernährung, wie Lewis sagte. Novikoff (1961) geht sogar so weit, daß er erklärt, im Interesse der Kürze sollte man an Stelle der verschiedenen Spezialbezeichnungen einfach den Ausdruck „Cytose" einführen. Wenn nur der Aufnahmemechanismus damit bezeichnet werden soll, ist diese Vereinfachung der Terminologie sicher berechtigt; allerdings muß man bedenken, daß diese verschiedenen Ausdrücke außerdem etwas über das weitere Schicksal der aufgenommenen Stoffe aussagen: Moore und Ruska (1957) bezeichnen als Cytopempsis die pinocytotische Aufnahme von Flüssigkeitstropfen durch Endothelien, ihren raschen Transport durch die Zelle und die Entleerung an der gegenüberliegenden Seite (Transmission by cell). Policard und Bessis (1958) ihrerseits wollen mit „Rapheocytose" die pinocytotische Aufnahme von Ferritin in Erythroblasten ohne Beteiligung feststellbarer Flüssigkeitsmengen verstanden wissen.

Während das Einschleusen von Stoffen in die Zelle auf relativ einheitliche, morphologisch faßbare Vorgänge zurückgeführt werden kann, weiß man über das Geschehen an der Zelloberfläche vor dieser Aufnahme, also über den Bindungsmechanismus an die Zelloberfläche, recht wenig. An der Oberfläche mancher Zellen finden sich verschiedene Mengen von Mucopolysacchariden und polysaccharidspaltenden Fermenten sowie andere Enzyme — speziell Phosphatasen — besonders im Bereich von Bürstensäumen (Rothstein 1954, Gropp und Hupe 1958). Durch elektronenmikroskopische Untersuchungen an Amöben (Brandt und Pappas 1960) über den Bindungsmechanismus von Ribonuklease, Ferritin, Thoriumdioxyd und

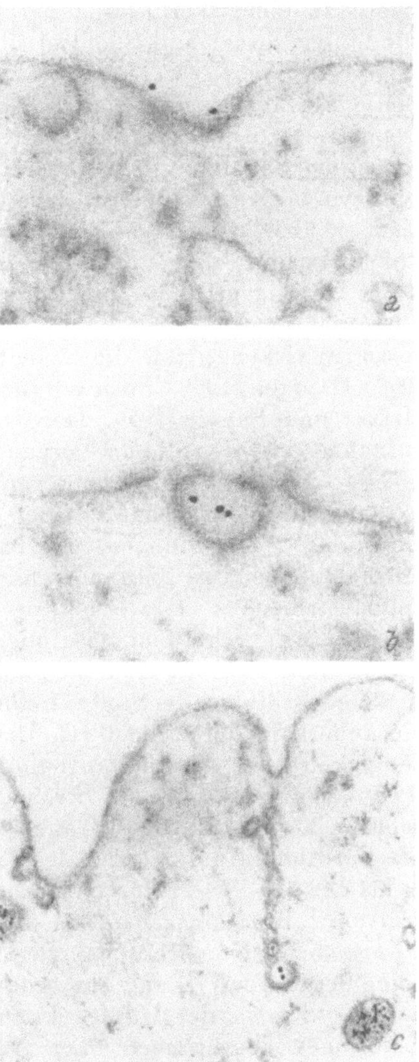

Abb. 1a—c. Amnionepithel — Hühnchen. Aufnahme von Goldsolpartikelchen in Pinocytosebläschen. a) pinocytotische Einsenkung, b) Abschnürung eines Bläschens von der Zelloberfläche, c) stichkanalförmige Einsenkung der Zelloberfläche mit Abschnürung von Vakuolen. An der Oberfläche und in den Vakuolen Goldsolpartikel. Vergr. a, b 60.000×, c 30.000×. (Nach W. Schmidt 1960.)

Goldsol an der Zelloberfläche konnte die Anlagerung der kleinen Thorium-thorotrastteilchen an haarähnliche Fortsätze des Plasmolemms gezeigt werden. Ribonuklease kann wohl nicht direkt sichtbar gemacht werden, führt jedoch zu einer Verdickung der Oberflächenfortsätze und zu einer Verminderung ihrer Zahl, Goldsol übt keine direkte stimulierende Wirkung auf die Zelloberfläche aus und wird daher nicht angelagert und aufgenommen. Chapman-Andresen und Prescott (1956) sowie Chapman-Andresen und Holtzer (1960) wiesen nach, daß zahlreiche Proteine die Pinocytose anregen und daß dabei das pH des Lösungsmittels die Intensität des Pinocytosevorganges im Bereich zwischen pH 4,1—4,8 besonders steigert, während er über pH 5,5 ganz zum Stillstand kommt. Auch basischen Farbstoffen kommt eine Pinocytose-Induktor-Wirkung zu (Chapman-Adresen 1962). Der eigentlichen Ingestion in die Zelle geht also eine Adsorptionsphase voraus, und diese kann stimulierend auf den folgenden Pinocytosevorgang wirken. Auch die Arbeiten von Odor 1956, Bessis 1958, Brandt 1958, Hampton 1958, Policard und Bessis 1958, Schumaker 1958, Pappas, Melser und Brandt 1959, Tennyson 1960 beschäftigen sich mit der Stoffaufnahme und den diesen Vorgang beeinflussenden Faktoren.

Die intravitale Aufnahme von Farbstoffen in die Zellen ist also auch mit unseren modernen Methoden nur zum Teil direkt erfaßbar. Niedermolekulare Verbindungen, wie basische Farbstoffe, gelangen z. T. direkt durch Diffusion ins Zellinnere und verbinden sich dort mit verschiedenen Zellbausteinen; z. T. werden sie sicher auch, ähnlich größeren Molekülkomplexen, durch Pinocytose oder Mikropinocytose aufgenommen.

Für die Farbstoffaufnahme, beziehungsweise die Aktivierung von Zellen für die nachfolgende Stoffaufnahme, sind auch Faktoren verantwortlich, die außerhalb der Zelle ihren Ursprung haben. Ein Beispiel für die Abhängigkeit der Farbstoffaufnahme vom Funktionszustand gibt Weimar (1959): Während normale Stromazellen der Cornea kein Neutralrot aufnehmen, kann durch das Trauma einer kleinen Inzision eine Aktivierung der Farbstoffaufnahme und des Transportes erzielt werden. Dabei kommt es bis zur 150- bis 250fachen Farbstoffkonzentration. Es scheinen Faktoren, die vom Epithel ausgehen, für die Aktivierung notwendig zu sein.

Traumen, die direkt das Stroma treffen (ohne Epitheltrauma), lösen keine derartige Wirkung aus. Auch die aktivierende Wirkung des Trypsins auf das Stroma der Cornea kann nur über das Epithel erklärt werden. Ähnliche Beobachtungen über Änderungen der Farbstoffaufnahme nach Einwirkung schädlicher Außenfaktoren stammen unter anderem von Alexandrov und Nassonov (1939) und Williams (1950).

b) Diffuse Farbstoffspeicherung (Diffusfärbung)

Das weitere Schicksal der von den Zellen aufgenommenen Stoffe ist nun recht verschieden. Bei den niedermolekularen Stoffen, z. B. basischen Farbstoffen, kommt es zunächst zu einer scheinbar diffusen Verteilung bzw. Färbung nach elektrostatischen Wertigkeiten. Diese zweite Phase der Vitalfärbung wurde früher als schweres Schädigungszeichen aufgefaßt. Durch die klassischen Arbeiten von Nassonov, Kedrowski und Wallbach (zitiert nach ZEIGER 1938) wurde jedoch der Nachweis erbracht, daß die diffuse Farbstoffspeicherung des Cytoplasmas in gewissen Grenzen durchaus reversibel ist.

Die schon bei der Besprechung der Farbstoffaufnahme erwähnten Unterschiede zwischen verschiedenen Zellarten, beziehungsweise zwischen Funktionszuständen morphologisch gleichartiger Zellen einerseits und ihren Reaktionen gegen die aufgenommenen Stoffe anderseits, treten nun noch deutlicher in Erscheinung. Zunächst soll das Schicksal der durch die morphologisch unveränderte Oberfläche in die Zellen „permeierten" Farbstoffe kurz verfolgt werden. Im lebenden Cytoplasma werden die aufgenommenen Stoffe an entgegengesetzt geladene, zelleigene Substanzen mehr oder weniger fest gebunden und können dabei auch verändert z. B. reduziert werden. Die Verteilung neutraler Stoffe folgt den Gesetzen der Lösungsverhältnisse. Für die Bindung kommen einerseits Lipoide (NIRENSTEIN 1920, GICKLHORN 1931, BECKER 1936, MÖLLENDORFF 1926, ENGHUSEN und ENGHUSEN 1961), anderseits Nukleinsäuren und Nukleoproteide (ZIPF 1927, KEDROWSKI 1941, MONNÉ 1938, 1942, GÖSSNER 1949, STOCKINGER 1950, 1952, 1958, SCHÜMMELFEDER 1948, 1950, BERTALANFFY 1959, BERTALANFFY und BICKIS 1956, BERTALANFFY-MASIN und MASIN 1956, SCHÜMMELFEDER, KROGH und EBSCHNER 1958, ZEIGER 1955, 1956, ZEIGER und HARDERS 1952, ZEIGER, HARDERS und MÜLLER 1951, ZEIGER und SCHMIDT 1957, ZEIGER und WIEDE 1954, ARMSTRONG 1956, WITTEKIND und VÖLKER 1957, WITTEKIND 1959, WEISSMANN 1953, WEISSMANN und GILGEN 1956, DE BRUYN und SMITH 1959), weiter Mucopolysaccharide (STOCKINGER 1949, 1958, SCHMIDT 1961) sowie verschiedene Eiweißstoffe des Cytoplasmas (LEPESCHKIN 1938, ZIPF 1927, KÖLBEL 1947—1948, DE BRUYN und SMITH 1959) in Frage.

Die intrazelluläre Bindung der aufgenommenen Stoffe (Farbstoffe) scheint durch Gesetze geregelt zu werden, die jenen ähnlich oder gleich sind, die den Durchtritt dieser Stoffe durch die Zelloberfläche bestimmen. Sicherlich bilden die physikochemischen Eigenschaften von Farbstoff und Substrat die Grundlage, auf der die spezifischen aktiven Leistungen des „lebenden Cytoplasmas" aufgepfropft sind. In dem hochorganisierten Gefüge organischer Verbindungen zwischen Lipoiden, Eiweiß, Kohlehydraten und Nukleinsäuren sind die primär freien oder zugänglichen Valenzen sehr unterschiedlich in ihrer Wertigkeit. Dehydratisierungs- und Entmischungsvorgänge, die als Folge der „primären" Farbstoffbindungen auftreten, führen zusätzlich zur Freisetzung „sekundärer" Valenzen und damit zur Substratanreicherung und Granulabildung. So erklären sich auch die in Modellversuchen ermittelten Angaben, die die Bindung desselben Farbstoffes einerseits an Nukleinsäure bzw. Nukleoproteide und anderseits an Lipoide für gleiche Färbungsergebnisse verantwortlich machen. Weitere Anreicherungsmöglichkeiten stellen u. a. Austausch- und Nebenvalenzbindungen sowie Adsorptionen durch VAN der WAALsche Kräfte dar, die bei der Farbstoffbindung qualitativ und quantitativ mitwirken.

Zum Studium der Diffusfärbung mit niedermolekularen Verbindungen ist das Elektronenmikroskop in der Regel nicht geeignet. Eigene elektronenmikroskopische Untersuchungen an Gewebekulturen, die mit Trypanblau,

Neutralrot und Acridinorange vitalgefärbt worden waren, brachten diesbezüglich im wesentlichen gleiche Ergebnisse, wie sie Schmidt (1961, 1962) an einer Reihe anderer Objekte beschrieben hat (Abb. 2 a, b). Lediglich bei der Vitalfärbung mit Acridinorange konnten im Cytoplasma überalterter, also bereits geschädigter Zellen (Abb. 3) unregelmäßig angeordnete, amorphe bis körnige Niederschläge nachgewiesen werden; ähnliche Massen liegen auch in Vakuolen.

Das Schicksal semikolloidaler und kolloidaler Stoffe kann dagegen besser verfolgt werden. So sollen Eisendextrankomplexe wie „Myofer" und „Ferrlecit" im Cytoplasma sowohl in diffuser Verteilung (Bautzmann und Schmidt 1960, Lindner und Gusek 1960, Staubesand 1962) als auch in Pinocytosevakuolen vorliegen. Schmidt (1960) zeigte jedoch, daß eine diffuse Verteilung im Grundplasma nur in der Amnionepithelzelle, nicht aber im Dünndarmepithel und im Epithel des Nierenhauptstückes vorkommt (Abb. 4, 5). Eine Generalisierung der Einzelbefunde ist daher nicht möglich.

Staubesand (1962) fand bei der Untersuchung der Passage von Metallsolen durch mesotheliale Membranen, daß Eisen III im Gegensatz zu Gold nicht durch Pinocytose aufgenommen und durch Membranvesikulation transportiert wird, sondern daß bei der Aufnahme von Fe-Verbindungen die Zellmembran ganz kurzfristig lokal aufgelöst wird, das Resorbat dann

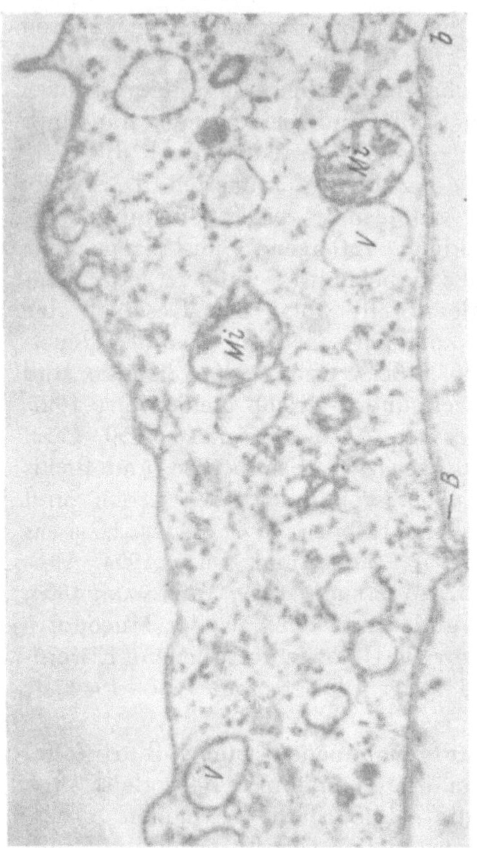
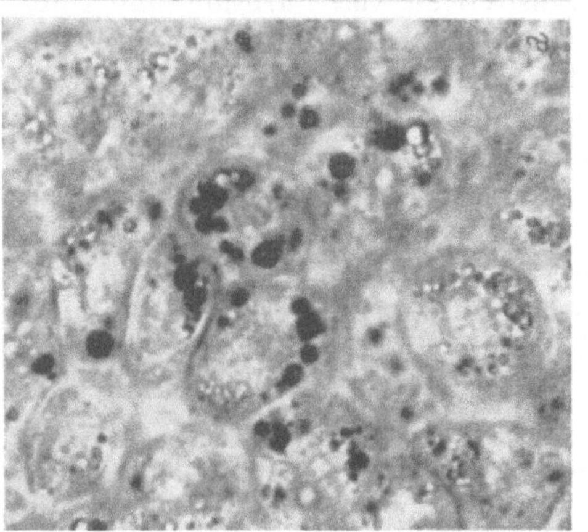

Abb. 2 a, b. Amnionepithel — Hühnchen. Neutralrot, 30 min. a) sofort nach der Entnahme. 500 ×, b) Anschnitt aus dem Cytoplasma einer Amnionepithelzelle. Zahlreiche leere Vakuolen entsprechen nach der elektronenmikroskopischen Einbettung dem Vitalfärbungsbild. Die Mitochondrien (Mi) sind etwas gequollen. B = Basalmembran. 20.000 ×. (Nach W. Schmidt 1960.)

kurzfristig frei im Cytoplasma liegt und sekundär entweder rasch durch die Basalmembran abgegeben oder in Vakuolen gespeichert wird.

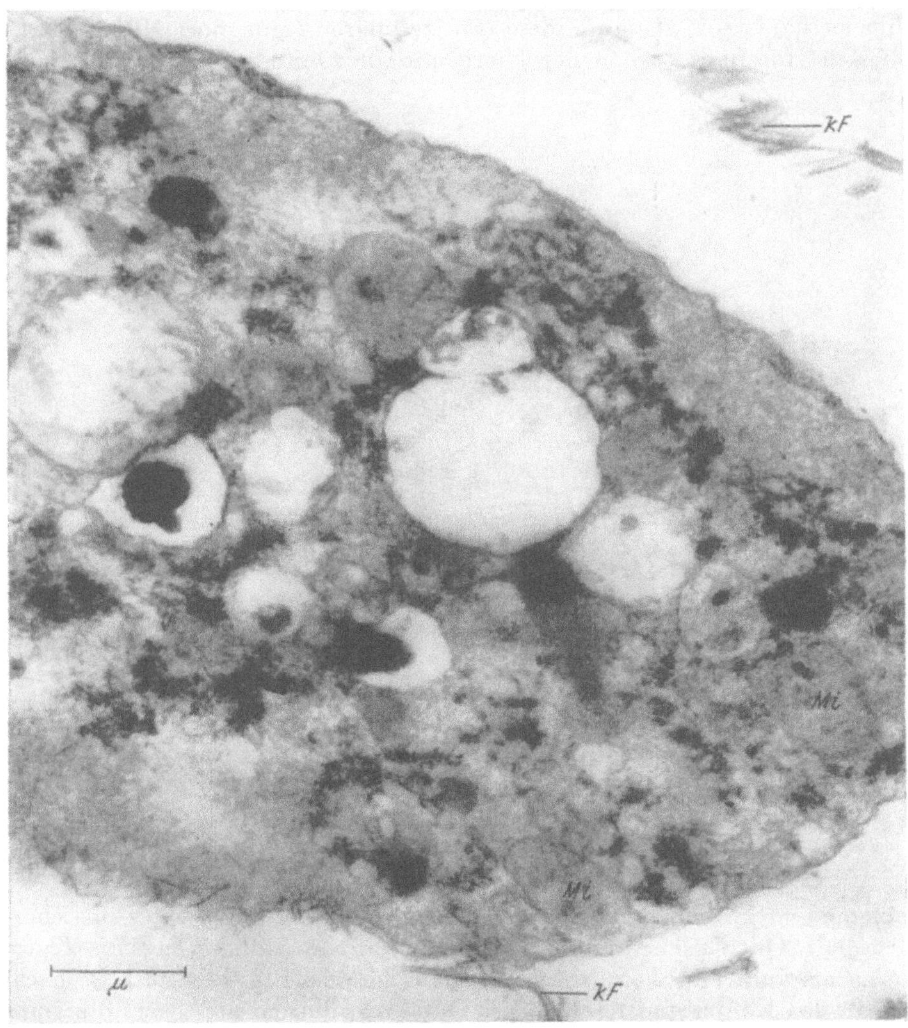

Abb. 3. Deckglaskultur — Herz von embryonalen Hühnchen — 5. Passage, vitalgefärbt mit Acridinorange 0,01% in Ringer 2 Stunden. Ausschnitt aus einer Zelle des zentralen Teiles der Kultur: Große, teils leer erscheinende, teils elektronendichte Massen enthaltende Vakuolen, daneben fast homogenisierte Mitochondrien (*Mi*). Im Cytoplasma elektronendichte, feinkörnige, diffuse Einlagerungen. An der Zelloberfläche kollagene Fibrillen (*kF*). 18.000 ×.

Ferritinmoleküle werden häufig im Grundplasma verschiedener Zellen gefunden (RICHTER 1959, KERR und MUIR 1960, BESSIS 1960, 1961 usw.); ihre Aufnahme, beziehungsweise die Aufnahme der Ausgangsmaterialien, aus denen sie gebildet werden, erfolgt zunächst durch Phagocytose (z. B. von Erythrocyten) oder Pinocytose. In diesen Fällen kommen intrazellulär synthetisierte Ferritinmoleküle ins Grundplasma.

Die klassischen Untersuchungen über Speicherungsvorgänge mit semikolloidalen Farbstoffen wurden mit Trypanblau durchgeführt (Goldmann
1912, Möllendorff 1918—1926, Nassonow 1926 usw.). Schmidt (1960) konnte
elektronenmikroskopisch sowohl den (vorwiegend) pinocytotischen Aufnahmemechanismus als auch den intrazellulären Transport dieses Farbstoffes in Hauptstückzellen der Niere und im Dünndarmepithel in Form

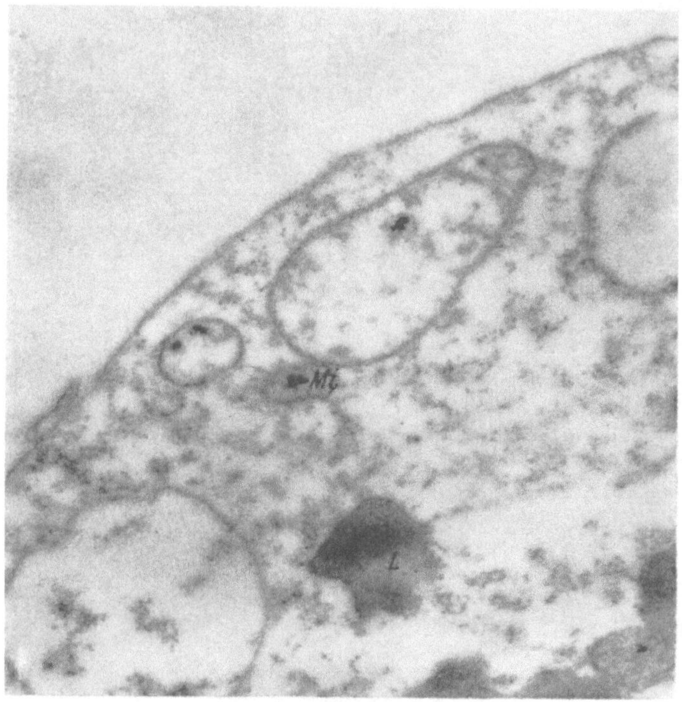

Abb. 4. Amnionepithel — Hühnchen. Myofer, zwei Stunden. Unter der Zelloberfläche Vakuolen mit verschieden
dichtem granulärem Inhalt. Im Grundplasma massenhaft dichte Granula. Lipoidtröpfchen (*L*). 30.000 ×. (Nach
W. Schmidt 1960.)

kleinerer und größerer Bläschen darstellen. Hampton (1958) wies in Leberzellen mit Quecksilbersulfid sowohl eine diffuse Einlagerung ins Cytoplasma als auch eine lokalisierte in pinocytotische Bläschen nach, je nach-
dem ob das Kontrastmittel von den Gallenkapillaren oder vom Blutsinus
aus an die Leberzellen herankam. Er macht die im Blut erfolgte Bindung
an Eiweiß für die pinocytotische Aufnahme und primär vakuoläre Einlagerung verantwortlich.

Das Stadium der diffusen Farbstoffspeicherung ist also ein intermediäres
im Zuge der Farbstoffverarbeitung. Es scheint bei basischen Farbstoffen
regelmäßig, bei sauren Farbstoffen hauptsächlich dann vorzukommen, wenn
vor der Aufnahme in die Zellen keine Bindung des Farbstoffes an Plasma-
eiweißkörper möglich ist. Eine diffuse Farbstoffspeicherung wird lichtmikroskopisch auch dort beobachtet, wo sich der Farbstoff zunächst in
kleinen pinocytotischen Bläschen befindet, die unter der Auflösung des
Lichtmikroskops liegen.

c) Granuläre und vakuoläre Speicherung

Zur nächsten Phase des vorher erwähnten Schemas — zur granulären und vakuolären Speicherung — besteht natürlich keine scharfe Grenze. Diese Phase ist charakterisiert durch die Einlagerung größerer und kleinerer Granula und Vakuolen meist in die zentralen Abschnitte der Zellen. Über die Natur dieser Einlagerungen und ihre Entstehung bestanden die

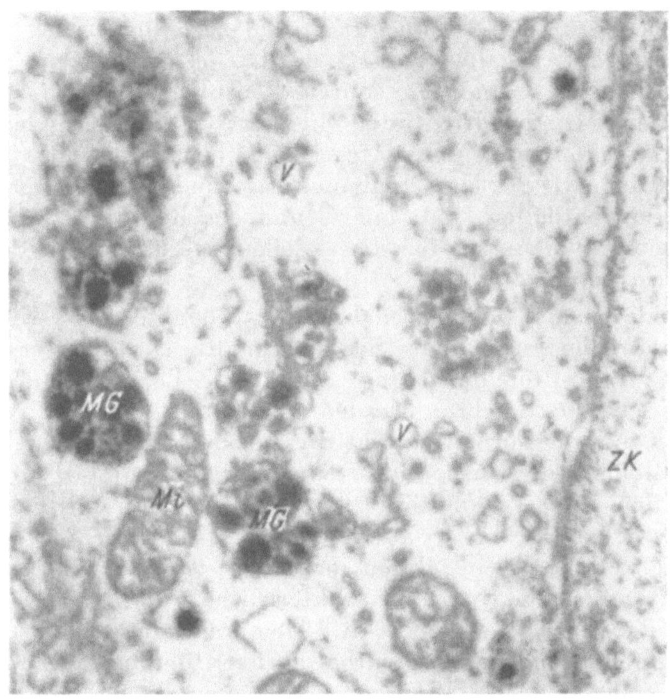

Abb. 5. Dünndarmepithelzelle — Maus, Myofer. Ausschnitt aus der mittleren Zellregion seitlich vom Zellkern (*ZK*). Die Myofergranula (*MG*) sind von einer Vakuolenwand umschlossen. Mitochondrien (*Mi*) und kleine Vakuolen (*V*). 30.000×. (Nach W. SCHMIDT 1960.)

größten Meinungsdifferenzen. Einerseits unterschied man zwischen granulären und vakuolären Formen, anderseits zwischen präformierten und „de novo" gebildeten Einschlüssen. Wie bereits erwähnt, ist eine der wesentlichsten Aufgaben der Vitalfärbung die Markierung von Zellfunktionen, die mit ungefärbten „natürlichen" Substraten gleichartig, jedoch morphologisch nicht erkennbar ablaufen. Unter dieser Voraussetzung müßten sich also auch im Zuge des normalen Stoffwechsels Granula und Vakuolen in den Zellen finden, die durch physikochemisch gleichartige, wenn auch ungefärbte Substrate entstehen. Alle diese Gebilde liegen jedoch dicht an der Grenze des Auflösungsvermögens des Lichtmikroskops und konnten daher erst mit dem Elektronenmikroskop eingehender bearbeitet werden.

In vielen Zellen, besonders in solchen, die sich durch eine besondere Phagocytose- und Speicherfähigkeit auszeichnen, findet sich neben den eindeutig charakterisierten Zellorganellen eine wechselnde Menge von Bläschen und Granula, für die eine Reihe von Bezeichnungen eingeführt wurde. Die vakuolären Formen zeigen häufig Beziehungen zu Golgi-Strukturen und werden dann Golgi-Bläschen genannt. Unter Cytosomen, Lipochondrien und Lysosomen, Cytolysosomen, Phagosomen, Vakuom und vakuolärem Apparat versteht man morphologisch ähnliche Strukturen, die einem funktionellen Wechsel unterliegen. De Duve, Pressmann, Gianetto, Wattiaux und Appelmans (1955) isolierten aus Zellhomogenaten eine kleinere und leichtere Fraktion als die Mitochondrien und bezeichneten sie als L-Fraktion. Diese Partikel enthalten nur 4% des Gesamt-Homogenat-Stickstoffes, jedoch den höchsten Gehalt an sauren Phosphatasen, zum Unterschied gegenüber den Mitochondrien aber keine Cytochrom-Oxydase; weiter stellten die genannten Autoren fest, daß hohe Konzentrationen von Kathepsin, Ribonuklease, Desoxyribonuklease und Beta-Glukoronidase in dieser Fraktion enthalten sind; auf Grund des Reichtums an hydrolytischen Enzymen schlugen sie für diese Zelleinlagerungen die Bezeichnung Lysosomen vor.

Die granulären und vakuolären Isolationsprodukte dieser Fraktion haben eine sphärische Form und einen maximalen Durchmesser von 0,4 μ; eine einfache Lipo-Proteidmembran umgibt die Partikel. Nach geringen Schädigungen dieser Membran werden jedoch alle Enzymaktivitäten zugleich in voll aktiver Form frei. Seit diesen ersten Feststellungen von De Duve und Mitarbeitern wurde eine Reihe weiterer saurer Hydrolasen aus dieser Fraktion isoliert (Novikoff 1961). Ob die nach intravenöser Peroxydase-Zufuhr in der Leber auftretenden „Phagosomen" wirklich eine grundsätzlich verschiedene Fraktion darstellen, ist noch nicht entschieden. Das wichtigste morphologische Charakteristikum der Lysosomen ist die Begrenzung durch eine einfache „Unit"-Membran. Manche Bläschen haben keinen geformten Inhalt, andere enthalten Ferritin-ähnliche Granula, Pigmente oder phagocytiertes Material, z. B. Cytoplasma-Komponenten wie Membranbruchstücke, RNP-Granula und Mitochondrienteile. Derartige Gebilde wurden in einer großen Zahl von Zellen beschrieben: in Erythrophagen (Essner 1960), Leberzellen (Essner und Novikoff 1960, Daems und van Rijssel 1961, Ashford und Porter 1962, Novikoff und Essner 1962), Kupfferschen Sternzellen (Essner und Novikoff 1960, 1961, Trump 1961), Zellen des Plexus chorioideus (Case 1959), des Tracheal-Epithels (Rhodin und Dalham 1956), weiter in Milz-Makrophagen (Palade 1956), Lungen-Makrophagen (Karrer 1958, 1960, Schulz 1958), Uterusmakrophagen (Lindner 1958, Nilsson 1958), in den Zellen des Harnblasenepithels (Walker 1960) und anderen.

Novikoff diskutiert weiter den Zusammenhang der Lysosomenbildung mit Pinocytose und Phagocytose. An einer Reihe von Objekten wurde die Ansicht einer Entstehung der Lysosomen durch pinocytotische beziehungsweise phagocytotische Vorgänge eindeutig gesichert; als Charakteristika derartiger Bläschen und Vakuolen konnten saure Phosphatase und die begrenzende „Unit"-Membran nachgewiesen werden. Empfindlichere und schonendere Fermentreaktionen im submikroskopischen Bereich werden vielleicht an weiteren Objekten und an kleinsten Strukturen spezifische Unterschiede aufdecken. STAUBESAND (1962) sieht die Pinocytose-Bläschen als „eigenständige Zelleinheiten" an, die man von anderen membranbegrenzten Zellorganellen, vor allem von Speicherungsvakuolen und Cytosomen, abgrenzen sollte. Es bleibt allerdings die Frage offen, wo bei den fließenden Übergängen von kleinen zu großen Formen sowie zwischen Bläschen mit verschieden färbbarem beziehungsweise verschieden elektronendichtem Inhalt eine scharfe Grenzlinie gezogen werden soll.

Auf Grund dieser morphologischen und histo-chemischen Erfahrungen ist es im gegenwärtigen Augenblick ein vielleicht noch verfrühter, aber doch berechtigter Versuch, alle älteren Beobachtungen und Theorien der Vitalfärbung nach dem Gesichtspunkt der intrazellulären Verarbeitung zu ordnen und zu interpretieren. Nach den Diskussionen über die Farbstoffaufnahme und die diffuse Farbstoffspeicherung kann man zunächst — im allgemeinen gesehen — annehmen, daß entweder schon vor der Aufnahme oder in der Zelle selbst passiv oder auch aktiv eine Bindung oder Adsorption der Farbstoffe an entgegengesetzt geladene Zellbausteine erfolgt. Diese Eiweiß-, Lipoid-, Nukleinsäure- oder Polysaccharid-Farbstoffkomplexe gelangen nun entweder durch Pinocytose primär in kleine intrazelluläre membranbegrenzte Räume, die sich dann zu größeren Bläschen oder Granula vereinigen, oder es werden intrazellulär derartige Räume neu gebildet, beziehungsweise die aufgenommenen Komplexe in bereits präformierten Räumen abgelagert und konzentriert. Im besonderen wird man dabei zwischen Farbstoffen verschiedener Beschaffenheit unterscheiden müssen.

Für höhermolekulare saure Farbstoffe und Kolloide dachte man an eine Analogie mit physiologischen Vorgängen, wie der Aufnahme und dem Abbau organischer Substanzen, sowie an Beziehungen zur Phagocytose (MÖLLENDORFF 1926). Niedermolekulare saure Farbstoffe wie Eosin fanden nur für Ausscheidungsversuche Verwendung, da in den Zellen keine nachweisbaren Speicherungs- beziehungsweise Reaktionsprodukte auftreten. Die Literaturangaben beziehen sich also hauptsächlich auf Farbstoffe, deren Hauptvertreter das Trypanblau ist. Verfolgt man den Weg eines solchen Farbstoffes nach oraler Applikation durch den Organismus, so ergeben sich in bezug auf die Farbstoffanhäufung in den Zellen recht unterschiedliche Bilder. Zunächst das Darmepithel: Während bei ganz jungen Tieren (Mäusen) eine deutliche Färbung des Darmepithels mit Trypanblau auftritt, kann bei erwachsenen Tieren nur in wesentlich geringerem Umfang eine Farbstoffanreicherung erzielt werden (MÖLLENDORFF 1925). Wohl wird der Farbstoff auch bei diesen Tieren aus dem Darm aufgenommen, wird aber ohne wesentliche Anreicherung sofort weitergegeben und gelangt zum Teil sehr rasch ins Blut beziehungsweise in die Lymphe. Aus dem zirkulierenden Blut wird er dann zum Großteil durch Leber und Niere, zu einem kleineren Teil auch wieder durch den Darm ausgeschieden. Ein Teil dieser Vorgänge, besonders die Ausscheidung, verläuft auch bei parenteraler Verabreichung ähnlich. Die Menge des zu einem bestimmten Zeitpunkt vakuolär oder granulär gespeicherten Farbstoffes ist nun bei den an der Resorption, dem Transport und der Ausscheidung beteiligten Zellen ganz verschieden.

Unter physiologischen (quantitativen) Verhältnissen laufen in den beteiligten Epi- und Endothelien die Diffusions- und Pinocytosemechanismen sehr rasch ab, und es tritt praktisch keine Speicherung in Erscheinung; in mesenchymalen Zellen können die gleichen Stoffe in wesentlich größerer Menge gespeichert und auch durch längere Zeit festgehalten werden. Die Untersuchungen Möllendorffs bringen dazu eine große Zahl interessanter Feststellungen: Zunächst die Unterschiede bezüglich des Alters der Versuchstiere, die vorher schon erwähnt wurden; weiter die Beobachtung, daß normalerweise weder bei enteraler noch bei parenteraler Farbstoffverabreichung eine Speicherung in den Stromazellen der Darmzotten auftritt, bei gleichzeitiger enteraler Trypanblau- und parenteraler Lithiumkarmin-Verabreichung jedoch eine Aktivierung der speichernden Stromazellen erzielt werden kann. Durch derartiges „Hochtreiben" der Färbung gelingt es also, auch Zellen, die normalerweise nicht nennenswert speichern, zu einer erhöhten Farbstoffspeicherung zu bringen. Makrophagen werden als Formen dargestellt, die den Höhepunkt ihrer Vitalität überschritten haben. Aus der Fülle der hochinteressanten Beobachtungen Möllendorffs können hier nur wenige diskutiert werden. Entscheidend für die physiologische Verarbeitung scheint ein Gefälle zu sein (z. B. Darminhalt—Epithel—Interstitium—Blut oder Lymphe), das entweder passiv oder aktiv aufrechterhalten wird. Erst durch eine Störung dieses Gefälles — sei es durch Überlastung in Form eines Überangebotes, sei es, daß durch eine andere Verbindung die Weiterverarbeitung blockiert wird — kommt es dann zur Farbstoffspeicherung. In diesem Lichte erscheinen die meisten Vitalfärbungsexperimente unter unphysiologischen Bedingungen ausgeführt. Doch auch unter unphysiologischer Belastung ist die Speicherfähigkeit der einzelnen Zellarten recht verschieden (Möllendorff 1926).

Während man die Speicherung saurer Farbstoffe und höhermolekularer Kolloide mit physiologischen Vorgängen in Beziehung bringen und erklären kann, ist dies bei der Vitalfärbung mit basischen Farbstoffen schon wesentlich schwieriger. Nach der diffusen Farbstoffeinlagerung folgt auch bei diesen das Stadium der granulären Speicherung. Ein Teil der so zur Darstellung kommenden Granula ist sicherlich präformiert und reichert auf Grund des sauren Charakters seiner Inhaltsstoffe den eindringenden Farbstoff an; neben sauren Sekretionsprodukten wie Heparin- und Schleimgranula sind in solchen Zellen auch Stoffwechsel(end)produkte vorhanden, die bezüglich ihres Farbstoffbindungsvermögens sich ähnlich verhalten. Dies läßt sich an jüngeren und älteren Gewebekulturen eindeutig nachweisen (Stockinger 1958). Außerdem kommt es aber im Laufe des Vitalfärbungsvorganges zur Ausbildung neuer Granula und Vakuolen.

Der Vorgang der Neubildung granulärer Einschlüsse unter dem Einfluß basischer Vitalfarbstoffe wurde von Chlopin (1929), Kedrowski (1935), Möllendorff (1936), Dustin (1941, 1942), Weissmann (1953), Zeiger und Harders (1951), Zeiger und Wiede (1954), Zeiger und Schmidt (1957), Morgan (1958), Wittekind (1958, 1959, 1960, 1961), Weissmann und Gilgen

(1956), STOCKINGER (1958), EICHNER (1959), SCHMIDT (1961, 1962) und anderen an verschiedenen Objekten beobachtet und interpretiert.

Die Speichergranula scheinen ganz heterogener Natur zu sein. SEKI (1933, 1935) stellte in den Speichergranula von Histiocyten, Reticuloendothelien und Nierenepithelien verschieden färbbare Substanzen dar. In weiteren Arbeiten beschäftigt er sich mit der Wirkung gleichzeitig oder nacheinander verabreichter Vitalfarbstoffe mit verschiedenen physikochemischen Eigenschaften; es kommt dabei durch Farbstoffe mit gleichsinniger Ladung zur Verdrängung des zuerst angebotenen Farbstoffes, bei entgegengesetzten Ladungen sogar zu einer Steigerung der granulabildenden Wirkung.

Bei der Vitalfärbung mit basischen Farbstoffen kommt es jedenfalls zunächst in präformierten Strukturen, wie phagocytiertem oder endogen abgeschiedenem Material, sowie auch in Sekretionsprodukten (soweit vorhanden) zur Ablagerung des Farbstoffes. Wird damit der in die Zelle eingedrungene Farbstoff gebunden, dann treten keine nennenswerten morphologisch faßbaren Veränderungen auf. Hält die Farbstoffzufuhr aber weiter an, so kommt es zu einer verstärkten Bindung an saure Zellbausteine wie Nukleinsäuren usw.; als Folge davon können dann intrazelluläre Koazervate (BUNGENBERG DE JONG und BANK 1940, WEISSMANN 1953) entstehen, die durch aktive Segregationsmechanismen zum Teil in präformierten Räumen, zum Teil in neugebildeten Vakuolen abgelagert werden. Dies ist jedoch durchaus nicht bei allen RNS-reichen Zellen der Fall. Weder bei Plasmazellen noch bei den Zellen des multiplen Myeloms kommt es zur Segregation in Vakuolen. ALEXANDROV (1939) spricht im Zusammenhang mit diesen intrazellulären Abscheidungen von einer Schutzwirkung der Granulabildung. Diese Vorgänge führen bei bestimmten Farbstoffen in besonders dazu befähigten, ribonukleoproteidhaltigen Zellen nach längerem Farbstoffangebot zum Bild des sogenannten Krinoms (CHLOPIN 1927), dessen Entstehung sich also im Prinzip nicht von den anderen Speichervorgängen unterscheidet. Während die passive Färbung präformierter Granula und Vakuolen keinen meßbaren energetischen Aufwand von Seite der Zellen benötigt (MÖLLENDORFF 1918), konnten schon NASSONOV (1930), ALEXANDROV (1933), MAKAROV (1934), KEDROWSKI (1935, 1937) sowie WEISSMANN und GILGEN (1956) nachweisen, daß für die Neubildung der Neutralrot- beziehungsweise Acridinorangegranula eine aktive Beteiligung gewisser Zellorganellen notwendig ist. NASSONOV (1930) kam auf Grund seiner klassischen Versuche an Darmepithelzellen des Frosches zu dem Ergebnis, daß die Granulabildung bei Vitalfärbung mit Neutralrot unter anaeroben Bedingungen vollkommen gehemmt ist und daß dabei gleichzeitig eine starke Kernfärbung erzielt wird. Ähnliche Ergebnisse konnten auch ALEXANDROV (1933) und MAKAROV (1934) an anderen Untersuchungsobjekten erzielen. Auch der erhöhte Sauerstoffverbrauch bei der Vitalfärbung, bzw. die wesentlich gesteigerte Toleranz der Zellen gegen Vitalfarbstoffe bei gleichzeitigem Angebot energiereicher Verbindungen wie Glukose (WEISSMANN und GILGEN 1956), sind Beweise für die aktive Leistung der Zellen bei der Granulabildung. Mit diesen Ergebnissen stehen neuere Befunde über die Enzymverteilung und die Beteiligung spezifischer Enzyme an intrazellulären Speicher- und Abbauvorgängen im Einklang (Novikoff 1961).

Das submikroskopische Bild der granulären und vakuolären Farbstoffspeicherung ist besonders eindrucksvoll an kultivierten Zellen darstellbar. Hierzu sei auf eigene, unveröffentlichte Befunde eingegangen. Es wurden sowohl Deckglaskulturen von embryonalen Hühnchenherzen und -extremitäten als auch Flaschenkulturen von Amnion- und HeLa-Zellen sowohl ungefärbt als auch mit saurem semikolloidalem Trypanblau und den basischen Farbstoffen Neutralrot und Acridinorange vitalgefärbt untersucht. Bei den Deckglaskulturen handelte es sich einerseits um gut wachsende, anderseits auch um überalterte Kulturen, die schon lichtmikroskopisch stark vakuolisiert erschienen; überalterte Kulturen wurden deshalb verwendet, weil schon in früheren Versuchen (Stockinger 1958) gezeigt werden konnte, daß in solchen besonders reichlich metachromatisch fluoreszierende Granula sichtbar werden. Bei der elektronenmikroskopischen Darstellung dieser Präparate können meist nur die Reaktionsprodukte der eingelagerten Farbstoffe mit zelleigenen Stoffen nachgewiesen werden, da die Farbstoffe allein keinen ausreichenden Kontrast besitzen beziehungsweise durch ihre hohe Löslichkeit schon bei der Fixierung und Einbettung verlorengehen. Von dem umfangreichen Untersuchungsmaterial seien hier einige Bilder aus Kulturen von embryonalen Hühnchenherzen demonstriert. In Deckglaskulturen bestehen beträchtliche Unterschiede zwischen dem dünnen, meist einschichtigen Randschleier und dem dickeren, mehrschichtigen zentralen Mutterstück. Die Zellen des Randschleiers (Abb. 6) sind flach ausgebreitet, unregelmäßig geformt und enthalten in ihrem zart granulierten Cytoplasma zahlreiche kleine Mitochondrien, einzelne Myofibrillen und elektronendichte, kugelige Einschlüsse, deren Zahl und Größe mit dem Alter der Einzelpassage zunimmt. Im zentralen Mutterstück kommt es immer zu Zelldegeneration und -zerfall; dadurch werden die benachbarten Zellen zur Phagocytose- und Speichertätigkeit angeregt. Daher findet man, ähnlich wie in degenerierten und überalterten Kulturen im Bereich des Randschleiers, auch bei gut wachsenden Kulturen im Zentrum immer vermehrt elektronendichte, mitunter sehr große Einlagerungen, daneben auch Bläschen mit flüssigem Inhalt (Abb. 7). Bei fortschreitender Degeneration nimmt die Vakuolisierung und Granulabildung zu.

Durch Zusatz von Trypanblau wird dieses Bild qualitativ nicht wesentlich verändert. Die Zahl der Einschlüsse und ihre Größe nimmt zwar zu, ihre Strukturen sind jedoch von denen, die bei der Degeneration auftreten, kaum zu unterscheiden (Abb. 8). Der einzige von den Kontrollen abweichende Befund betrifft den Inhalt der membranbegrenzten Vakuolen: Neben unregelmäßig geformten, elektronendichten, amorphen Massen liegen kleinere Granula mit einem Durchmesser von zirka 125—150 Å. Derartigen Vakuoleninhalt hat auch Schmidt (1962) in Mäusenierenhauptstücken als Trypanblau gedeutet.

Nach Neutralrotverabreichung ist auch bei intensiver makroskopischer Färbung das elektronenmikroskopische Bild von den eben beschriebenen Befunden nicht wesentlich verschieden. In den Zellen des Randschleiers liegen zahlreiche elektronendichte Granula mit teils homogenem, teils scholligem Inhalt. In Amnionzellen kommen regelmäßig auch lamellierte, myelinartige Einlagerungen vor. Das Ausmaß der Einlagerungen erreicht wieder in den zentralen, schon vor der Farbstoffapplikation stark granulierten Zellen seinen Höhepunkt (Abb. 9).

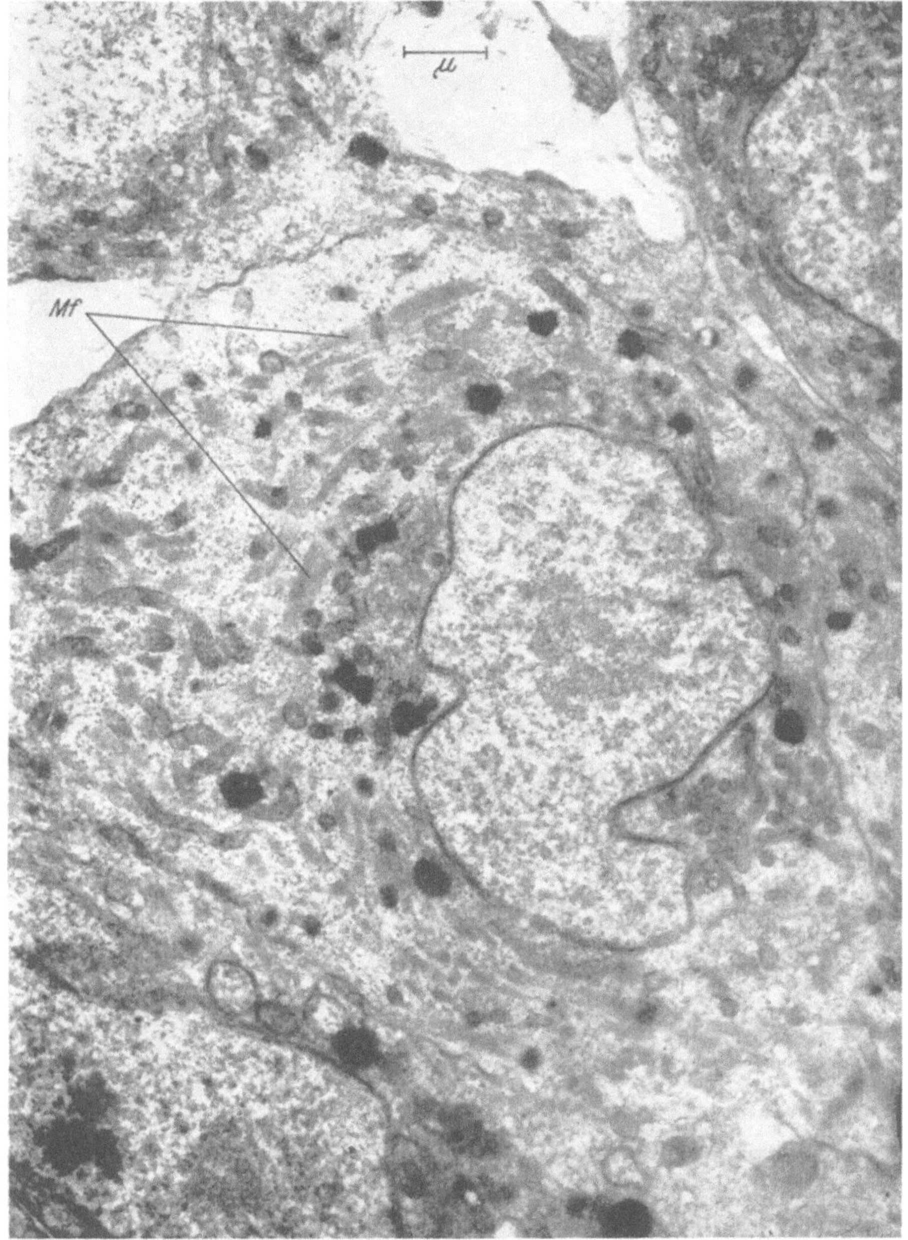

Abb. 6. Deckglaskultur — Herz (Hühnchen) — 3. Passage — ungefärbt: Flachschnitt einer Zelle des Randschleiers; im Cytoplasma Mitochondrien, Myofibrillen (*Mf*) und elektronendichte Granula. 10.000×.

Die Vitalfärbung mit Acridinorange führt bei gleicher Farbstoffkonzentration und Färbedauer wie bei Neutralrotfärbung im Cytoplasma zu

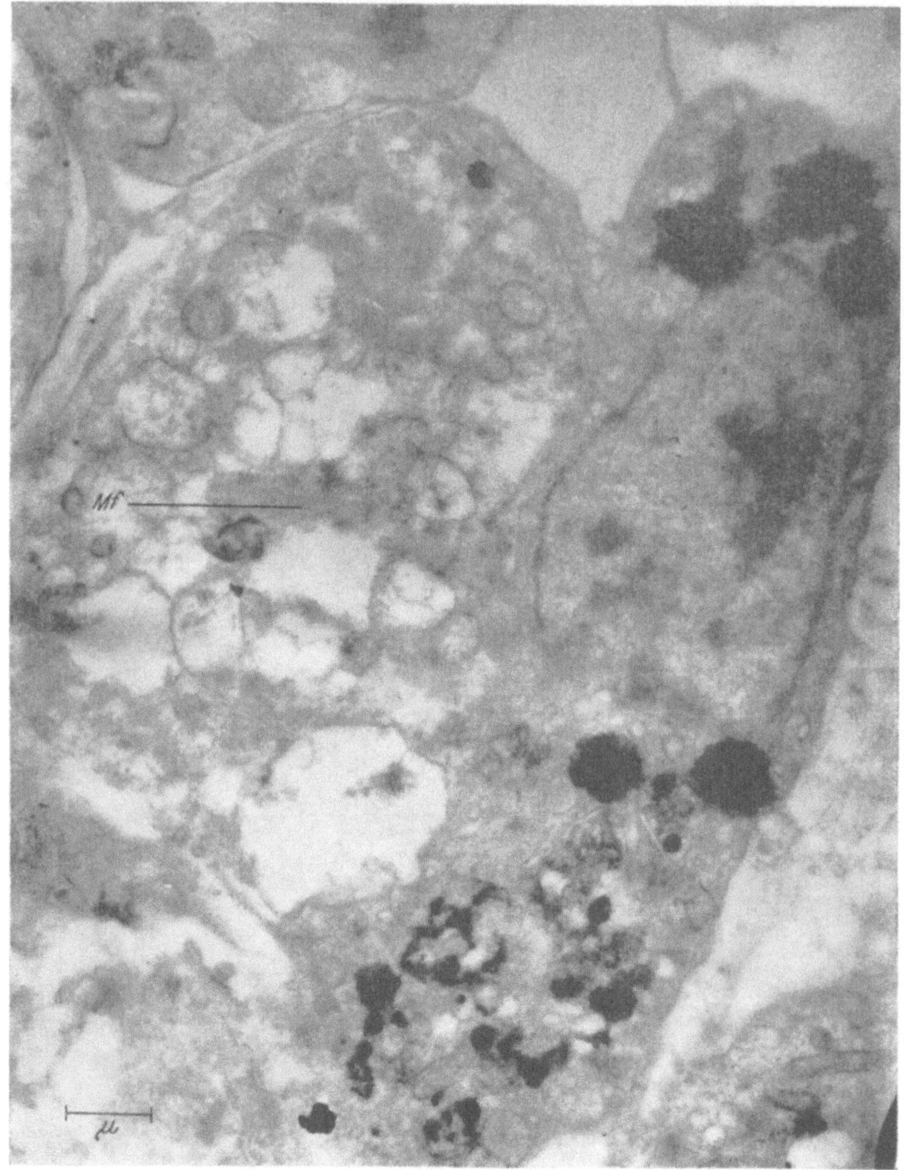

Abb. 7. Deckglaskultur wie Abb. 2 — ungefärbt: Zellen aus dem zentralen Mutterstück. In der rechten Zelle Granula mit sehr elektronendichtem Inhalt und Vakuolen mit heterogenen Einschlüssen. Links stark vakuolisierte Zelle mit teils gequollenen, teils homogenisierten Mitochondrien; dazwischen Myofibrillen. 10.000 ×.

ähnlichen Ergebnissen. In den gut wachsenden Zellen des Randschleiers sind sowohl in den Muskel- als auch in den Bindegewebszellen nur wenige elektronendichte Granula zu finden (Abb. 10). Erstmalig erscheinen nach

dieser Behandlung auch die Zellkerne an ihrer Oberfläche stärker ver-
dichtet und etwas gröber strukturiert als bei den Kontrollen und den
anderen Vitalfärbungen. In den zentralen sowie auch in peripheren Zellen
mit stärkeren primären Degenerationserscheinungen liegen zahlreiche grö-

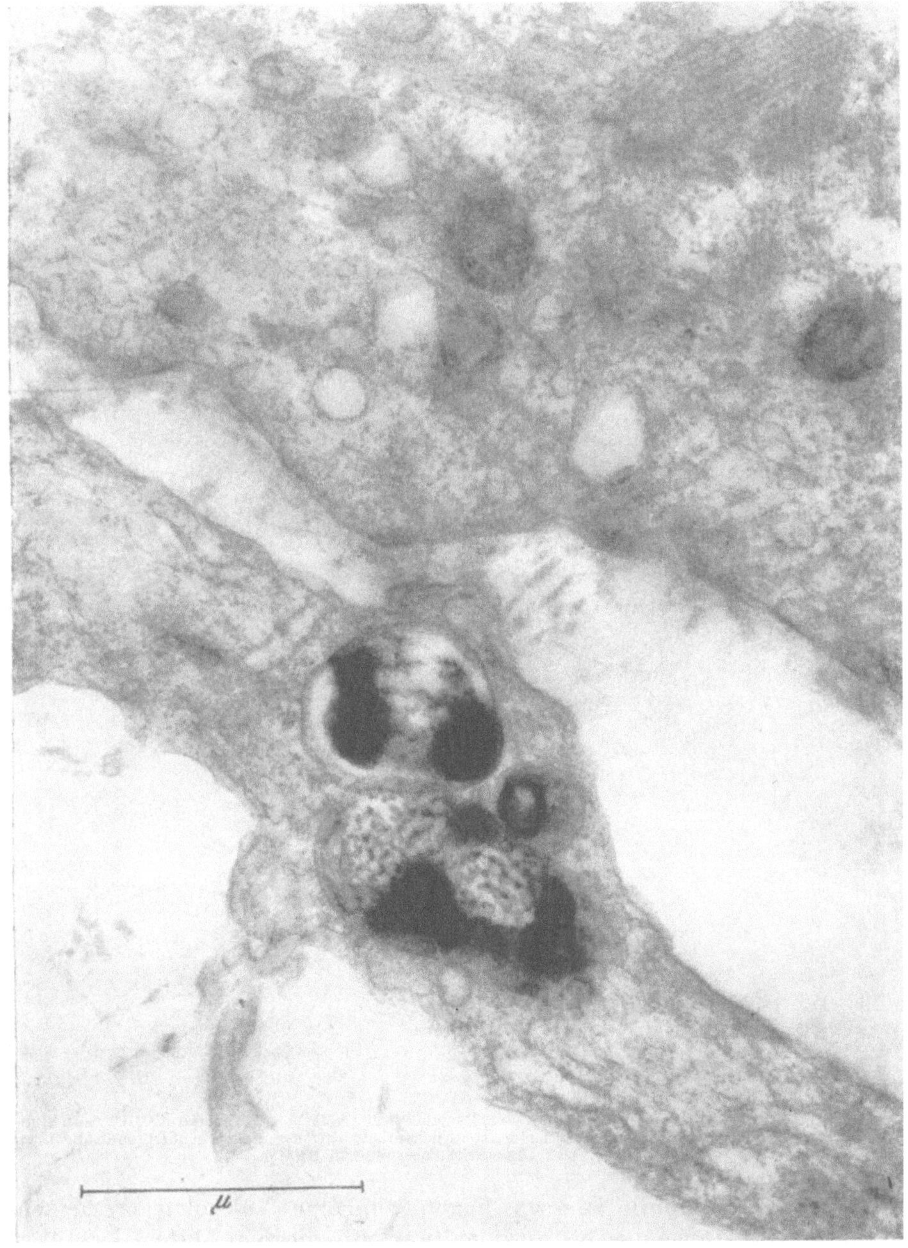

Abb. 8. Deckglaskultur — Herz (embr. Hühnchen) — 5. Passage — vitalgefärbt mit Trypanblau 0,01% —
2 Stunden. Zellen des Randschleiers: Große Speichervakuolen, von einer einfachen Membran begrenzt; der
Inhalt ist zweiphasig, teils elektronendicht, kompakt, teils granuliert. 36.000×.

ßere und kleinere Vakuolen mit verschiedenem Inhalt (Abb. 11): Innerhalb der einfachen Grenzmembran kommt meist ein heller, leerer, verschieden breiter Spalt zur Darstellung, während in der Mitte der Vakuolen unregel-

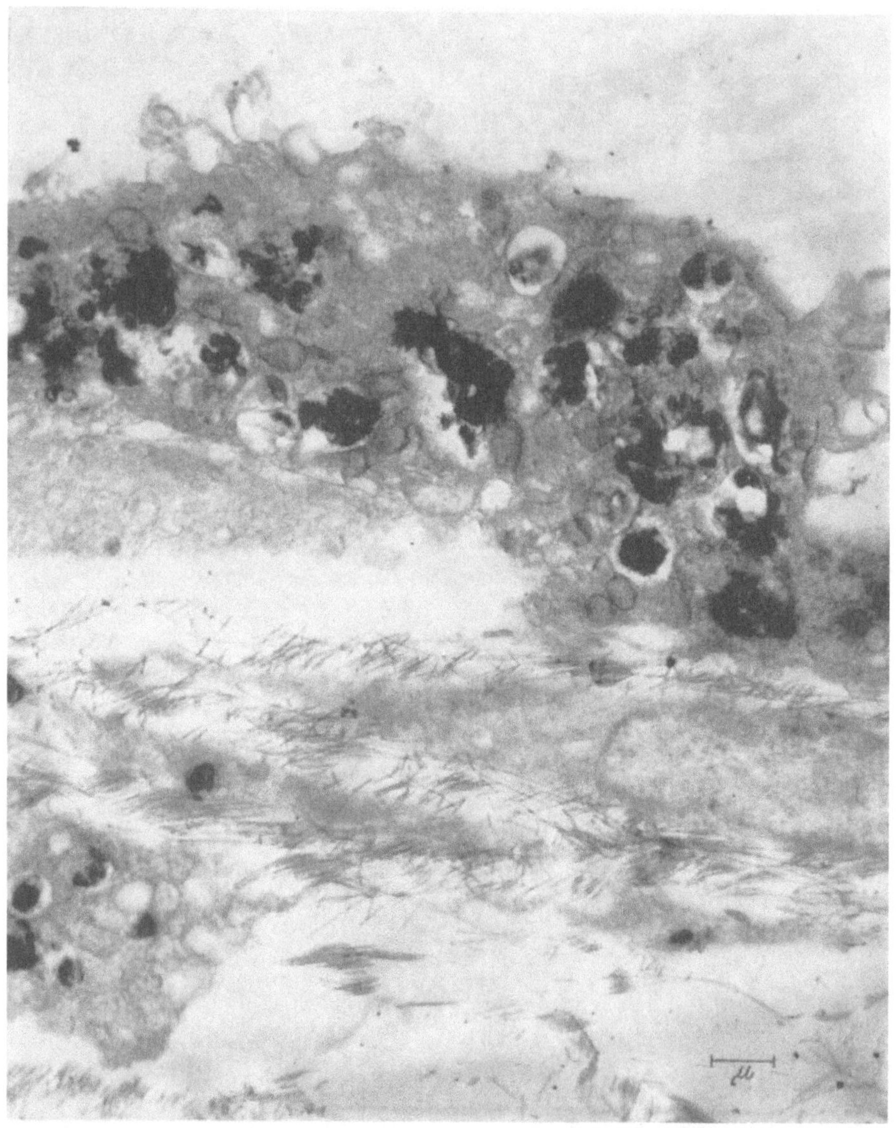

Abb. 9. Deckglaskultur — Herz (embr. Hühnchen) — 5. Passage — vitalgefärbt mit Neutralrot 0,01% — 2 Stunden. Überalterte, degenerierte Zelle im zentralen Mutterstück mit zahlreichen elektronendichten, vakuolären Einschlüssen. Daneben starke Faserbildung. 8000×.

mäßige, stark osmiophile Massen liegen; einzelne Vakuolen erscheinen auch ganz leer, nur wenige bis an den Rand mit dichtem Material gefüllt. In einigen Zellen mit starker Vakuolisierung weist auch das Cytoplasma elektronendichte, feingekörnte, unregelmäßig verteilte Einlagerungen auf

(Abb. 3). Zweifellos handelt es sich dabei ebenfalls um Verdichtungen, die durch den Farbstoff verursacht werden. Die Vermutung, daß es sich dabei

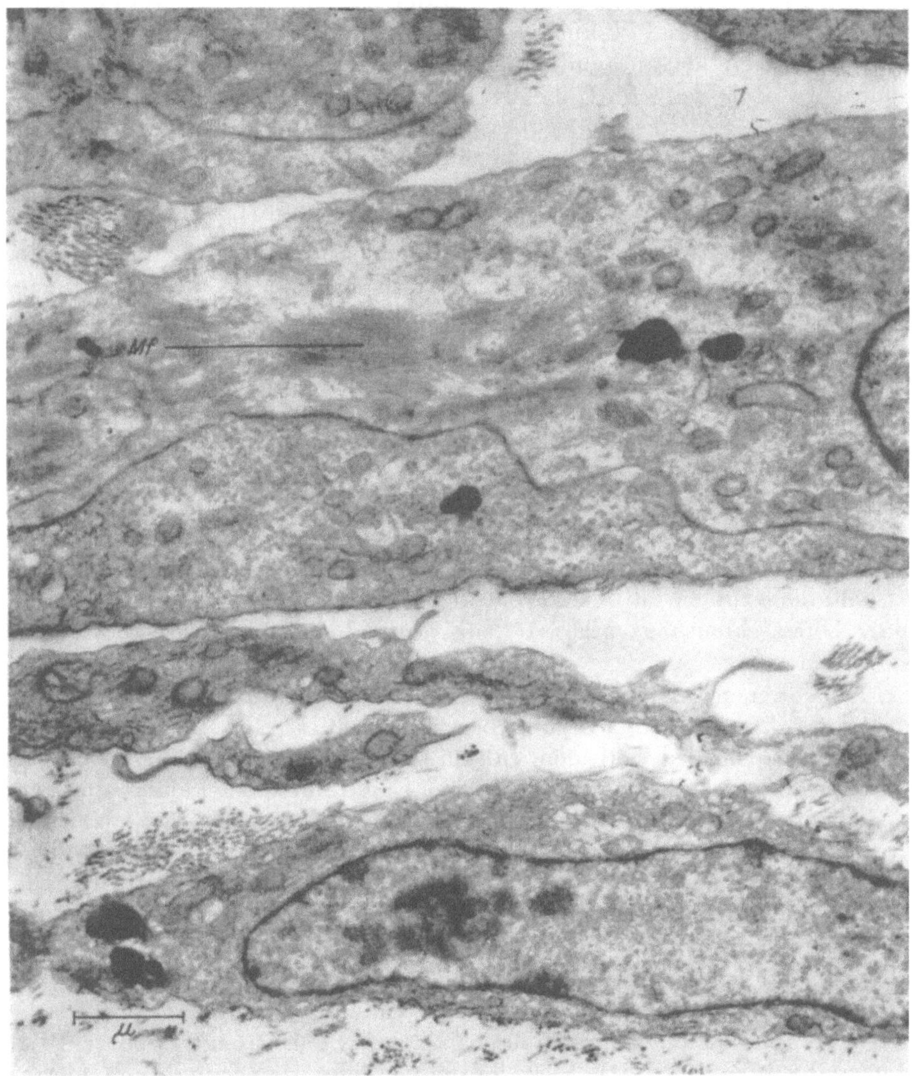

Abb. 10. Deckglaskultur — Herz (embr. Hühnchen) — 5. Passage — vitalgefärbt mit Acridinorange 0,01 % — 2 Stunden. Längsschnitt durch Zellen des Randschleiers: Von unten nach oben zuerst 3 Mesenchymzellen mit relativ dichtem, feingekörntem Cytoplasma. Darüber eine Herzmuskelzelle mit zahlreichen Myofibrillenbündeln, teils längs-, teils quergeschnitten. Im Cytoplasma aller Zellen zahlreiche Mitochondrien, Pinocytose-Bläschen und Teilstücke des endoplasmatischen Retikulums. Daneben nur wenige elektronendichte Einschlüsse. An der Zelloberfläche (besonders der Mesenchymzellen) starke Faserbildung. In der untersten Zelle ein Zellkern mit verdichteter Oberfläche. 4000×.

bereits um nekrotische, beziehungsweise in ihrer Vitalität zu schwer geschädigte Zellen handelt, die nicht mehr in der Lage sind, das diffus verteilte Material zu segregieren, muß noch durch weitere Untersuchungen bestätigt werden.

Die elektronenmikroskopische Untersuchung vitalgefärbter Gewebekulturen und ungefärbter Kontrollen zeigt also ein recht einheitliches Bild. Ähnlich wie bei der Speicherung der Vitalfarbstoffe kommt es in ungefärbten Kulturen zur Aufnahme von Zelldetritus und zur Ausbildung intrazellulärer Granula und Vakuolen. Bei der Vitalfärbung werden dann sowohl mit sauren als auch mit basischen Farbstoffen zunächst diese präformierten Räume gefärbt. Über das Ausmaß der Neubildung erlauben unsere bisherigen Versuche keine quantitativen Angaben. Auch über den Inhalt der Einschlüsse sind nur beschränkte Aussagen möglich; ihre starke Osmiophilie bestätigt die mit histochemischen Methoden gewonnenen Angaben über die Beteiligung von Lipoiden. Der Hydratationsgrad der Inhaltsstoffe dürfte bei extrem starker Vakuolisierung ebenfalls erhöht sein.

Aus den bisherigen Ausführungen ergibt sich eine Reihe von Fragen, deren Beantwortung im gegenwärtigen Zeitpunkt nur zum Teil möglich ist:

1. In den verschiedenen Arbeiten wird in der besprochenen Phase z. T. von Farbstoffanreicherung, z. T. von Farbstoffspeicherung geschrieben. Handelt es sich dabei um gleiche Phänomene oder um prinzipiell verschiedene Vorgänge, die entweder nebeneinander oder hintereinander ablaufen? Als Anreicherung könnte man die passive, als Speicherung die aktive Phase bezeichnen. Schmidt (1961) zieht ebenfalls keine scharfe Grenze zwischen diesen Begriffen; er meint jedoch, daß der Ausdruck „Anreicherung“ nur für Stoffablagerungen, die längere Zeit in den Zellen verbleiben, der Ausdruck „Durchschleusungsvorgänge“ für rasch ablaufende Prozesse verwendet werden sollte.

2. Ist im gegenwärtigen Zeitpunkt eine Unterscheidung zwischen granulärer und vakuolärer Speicherung berechtigt? Diese Bezeichnungen beziehen sich hauptsächlich auf den Inhalt der in Frage stehenden Gebilde, weniger jedoch auf ihre Entstehung und Funktion; dazu kommt die Verschiedenartigkeit der Darstellung im Fixationsbild, die von der Fixierbarkeit beziehungsweise Stabilisierbarkeit der Inhaltsstoffe abhängt. Das wesentliche Merkmal aller derartigen Einlagerungen in die Zelle scheint jedoch weniger der Inhalt als die Begrenzung und der Gehalt der Grenzmembran an spezifischen Enzymen zu sein, wie dies Novikoff und seine Schule zeigen.

Inzwischen sind in einer Reihe von vakuolären Einlagerungen sehr heterogene Inhaltsstoffe nachgewiesen worden (Ashford und Porter 1962, Daems und van Rijssel 1961). Allen diesen Gebilden sind jedoch die Charakteristika der Lysosomen, das sind Oberflächenbegrenzung und Fermentgehalt, eigen. Eine Unterteilung in Untergruppen je nach der Struktur und Menge des Inhaltes erscheint wohl möglich, im gegenwärtigen Zeitpunkt jedoch noch verfrüht.

3. Welche Zellorganellen oder Strukturen sind für die Bildung derartiger Vakuolen verantwortlich beziehungsweise an deren Bildung beteiligt? Fest steht, daß durch Phago- und Pinocytose membranbegrenzte Hohlräume entstehen können, deren Wand-Enzym-Muster meist mit dem der Zelloberfläche identisch oder verwandt ist. Diese zuerst sehr kleinen

Räume können sich durch Konfluenz vergrößern und damit in lichtmikroskopische Dimensionen gelangen. In jeder Zelle sind jedoch im Rahmen des normalen Stoffwechsels derartige Vakuolen auch bereits im Zeitpunkt

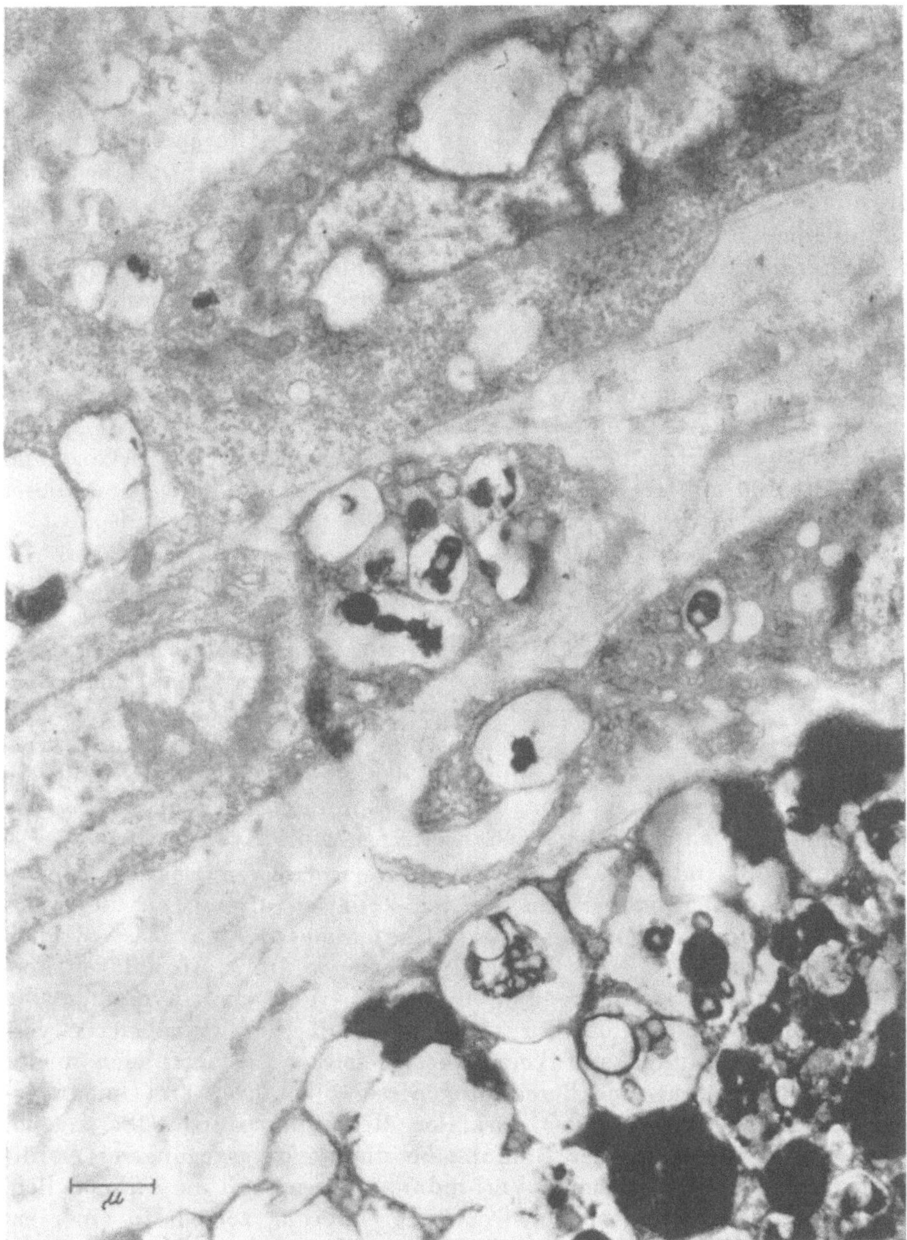

Abb. 11. Deckglaskultur wie Abb. 8 — vitalgefärbt mit Acridinorange 0,01% — 2 Stunden. Ausschnitt aus dem zentralen Mutterstück: Hochgradige Vakuolisierung und Granulabildung. Rechts unten degenerierte, vollkommen in Vakuolen und Granula transformierte Zelle. Der elektronendichte Inhalt der Granula ist von der membranartigen Begrenzung vielfach abgehoben. Zellkerne mit verdichteter Oberfläche. 10.000×.

des Versuchsbeginns vorgebildet, daneben ist zusätzlich die Möglichkeit einer „de novo" Bildung keinesfalls auszuschließen. Dies gilt vor allem für die Aufnahme und Speicherung saurer kolloidaler Farbstoffe; doch dürften auch die Resorption und der Transport größerer Flüssigkeitsmengen sowie auch von Feststoffen in ähnlicher Weise vor sich gehen. Im Bereich der Golgi-Zone finden sich neben den charakteristischen Lamellen-Stapeln auch kleinere und größere Bläschen, manchmal sogar in großer Zahl. Da die von der Oberfläche kommenden Vakuolen bei längerem Verweilen in der Zelle in diesen Raum wandern, ist es derzeit noch nicht möglich, die Genese und Natur der in diesem Areal liegenden Vakuolen getrennt zu verfolgen. Besonders die bei der Vitalfärbung mit basischen Farbstoffen auftretenden Granula und Vakuolen liegen in diesem Bereich.

Schließlich muß auch die Möglichkeit in Betracht gezogen werden, daß die Membranen des endoplasmatischen Retikulums, zu größeren Zisternen erweitert, als intrazelluläre Vakuolen in Erscheinung treten. Dies ist sicherlich bei verschiedenen Sekretionsvorgängen der Fall; für eine Speicherung exogener Stoffe in diesen Räumen fehlen bisher bindende Beweise.

Für die Entstehung intrazellulärer Vakuolen und Einschlüsse aus Mitochondrien liegt ebenfalls eine Reihe von Angaben vor (Dempsey 1956, Lever 1956, Duncan und Hild 1960, Friedmann 1960, Jezequel 1959, Novikoff und Essner 1962 und andere). Sichere Beweise für eine aktive Beteiligung dieser Organellen an der Bildung solcher Einschlüsse stehen jedoch noch aus.

4. Bei der Analyse aller Phasen der Vitalfärbung, besonders aber der granulären und vakuolären Speicherung, spielt der Zeitfaktor eine nicht zu unterschätzende Rolle. Vielfach kommt es nur in den Fällen lang dauernden Farbstoffangebotes zu einer sichtbaren Anreicherung. Über die Geschwindigkeit der Durchschleusungsvorgänge durch Epi- und Endothelien liegen nur wenige exakte Werte vor (Staubesand 1962, Kaye, Pappas und Mitarbeiter 1962); sicherlich handelt es sich bei vielen Ausscheidungsversuchen um sehr kurze Gesamtzeiten, in der eine Passage durch mehrere biologische Grenzschichten erfolgt. Die Besprechung des Schicksals des aufgenommenen Materials ist einem weiteren Kapitel vorbehalten.

Zusammenfassend kann also die Phase der (massiven) vakuolären und granulären Speicherung bei den meisten Zellarten als ein an unphysiologische Verhältnisse grenzender Zustand bezeichnet werden. Die Vakuolen und Granula enthalten zum Teil im Inneren eine große Anzahl von Fermenten, die durch Hydrolyse und andere Ab- und Umbauvorgänge die aufgenommenen Inhaltsstoffe zu assimilieren und zu neutralisieren versuchen. Die Verdichtung und Vergrößerung solcher Einlagerungen in der Golgi-Region läßt auf eine Beteiligung dieser Strukturen am Umbauvorgang schließen. Störungen der normalen Resorption durch Überangebot oder durch Behinderung der Stoffabgabe durch vorausgegangene Applikation einer ähnlich wirkenden Verbindung führen auch an Zellmodellen, die normalerweise keine nennenswerte Anreicherung zeigen, zu einer erhöhten Speicherung. Die enzymatische Aktivität der an den Speichervorgängen beteiligten Systeme kann durch Zufuhr energiereicher Verbindungen gefördert und durch Drosselung der Bildung energiereicher Verbindungen wie Adenosintriphosphat (WEISSMANN und GILGEN 1956) gehemmt werden. Die hochgradige Differenzierung der Zellen des erwachsenen Organismus, das Alter, die Unterschiede zwischen den Arten usw. machen es unmöglich, allgemeingültige Sätze zu formulieren.

d) Stoffablagerung (Krinombildung)

Die intrazelluläre Stoffablagerung — die sogenannte Krinombildung — ist eigentlich nicht von der eben besprochenen Phase der Speicherung abzutrennen, da nur Unterschiede bezüglich Menge und Zeit, nicht aber hinsichtlich der Entstehung derartiger Ablagerungen bestehen.

SCHMIDT (1961) hat die Vorgänge, die dem Ablauf der Krinombildung zugrunde liegen, auf Grund älterer und eigener Versuche so klar dargestellt, daß im wesentlichen seine Ergebnisse wiedergegeben werden können. CHLOPIN (1927) bezeichnete die Neubildung granulärer Stoffablagerungen nach mehrstündiger Färbung mit basischen Farbstoffen in bestimmten Zellen von niederen Tieren als „Krinom". Er deutete diese Ablagerungsvorgänge als einen „intrazellulären Sekretionsprozeß oder Segregationsvorgang", der eine Art Schutzmaßnahme der Zellen darstellt. Diese Befunde und ihre Interpretation wurden von anderen Forschern (KEDROWSKI 1935, 1941, ALEXANDROV 1939, WEISSMANN 1953) bestätigt; MÖLLENDORFF (1936) nahm jedoch an, daß es sich um Umwandlungsprodukte präformierter paraplasmatischer Einschlüsse handelt. Den Arbeiten von ZEIGER und Mitarbeitern (1957) sowie von SCHMIDT (1958, 1959, 1960, 1961, 1962) kommt ein wesentlicher Anteil an der Klärung der Bildungsvorgänge zu. Schon CHLOPIN (1927) und KEDROWSKI (1935, 1937, 1941) erkannten, daß vor allem Zellen mit einer hohen Cytoplasmabasophilie, wie in besonderem Maße embryonale Zellen, zur Krinombildung in der Lage sind. Die im Cytoplasma zunächst diffus verteilten, elektronegativen kolloidalen Substanzen finden sich nach der Farbstoffabscheidung in granulärer Form im Krinom.

KEDROWSKI (1941) wies die Bedeutung dieser basophilen Stoffe für Entwicklung und Zellwachstum nach und stellte ihren Gehalt an RNS fest. ZEIGER und SCHMIDT (1957) konnten bei Amphibienlarven in ähnlichen Bildungen DNS nachweisen.

SCHMIDT (1961) überprüfte diese älteren Ergebnisse mit histochemischen, lichtmikroskopischen und elektronenmikroskopischen Methoden an besonders geeigneten Objekten (Epidermiszellen frischgeschlüpfter Tritonlarven [Abb. 12], Dünndarmepithelzellen geschlechtsreifer Tritonen und Darmepithelzellen von Daphnien: Die ersteren bilden ein reines DNS-, die zweiten ein gemischtes DNS-RNS-, die letzten ein reines RNS-Krinom) und ergänzte sie durch wertvolle neue Ergebnisse. Folgende Punkte fassen unsere derzeitigen Kenntnisse zusammen:

1. Nur bestimmte basische Farbstoffe, wie Neutralrot und Acridinorange, erzeugen bei längerer Einwirkung in höherer Konzentration bzw. größerer Menge nukleoproteidhaltige Krinome.

2. Krinombildungen sind nur von Zellen mit hohem Nukleinsäuregehalt zu erwarten; darüber hinaus scheinen allerdings auch noch andere Fak-

toren bestimmend zu sein, da nicht alle Zellen mit hohem RNS-Gehalt Krinome bilden. Eine besondere Form stellt dabei das sogenannte DNS-Krinom dar, das von Zeiger und Schmidt (1957) bei Amphibien dargestellt wurde. Schmidt nimmt an, daß die schon von Politzer (1924) nachgewiesene Bindung von Neutralrot an DNS sowie die durch eine Reihe weiterer Beobachtungen gesicherte Vitalfärbung des Zellkerns (Bank und Kleinzeller 1938, Fischer 1939, Michaelis 1947, Bruyn, Robertson und Farr 1950, Toth 1952, Stockinger 1952, 1958) zu einer Ausschleusung eines Farbstoff-Nukleoproteidkomplexes aus dem Zellkern führt und so solche Verbindungen im Plasma zur Darstellung kommen. Es bleiben jedoch einige Fragen zu klären: Warum ist nur bei Amphibien ein DNS-Krinom darstellbar? Woher stammt diese DNS? Handelt es sich um eine Freisetzung chromosomaler DNS oder um die Bindung metaboler DNS?

3. Die Lage des Krinoms entspricht dem paranukleären Feld, eine Beteiligung des Golgi-Apparates an der Bildung des Krinoms ist unwahrscheinlich, wohl aber weist die räumliche Nachbarschaft auf eine Beteiligung der Golgi-Region am weiteren Schicksal des eingeschlossenen Materials hin.

4. Der Entstehungsmechanismus scheint nach den vorliegenden Befunden nicht einheitlich zu sein. Die Einbringung von basischen Vitalfarbstoffen führt durch Anlagerung an saure Kolloide des Cytoplasmas (in erster Linie dürfte es sich dabei um RNP handeln, die als Palade-Granula den Membranen des endoplasmatischen Retikulums angelagert sind oder auch frei im Grundplasma liegen) zu einer funktionellen Blockade dieser reaktionsbereiten Gruppen. Die Inaktivierung des damit hauptsächlich betroffenen Syntheseapparates des Eiweißstoffwechsels äußert sich in Form von Störungen der Wachstums- und Abbauvorgänge (Bogen und Keser 1954, Bogen und Elste 1955). Auf ähnlichen Grundlagen beruht sicher auch die Hemmung der Ausscheidungsleistung von Leberzellen nach Vitalfluorochromierung mit Acridinorange (Zeiger und Wieder 1954). Morgan (1958) behauptet dagegen, daß Neutralrot-Ribonukleinsäurekomplexe die Proteinsynthese in Pankreas und Speicheldrüse nicht wesentlich beeinflussen.

Die RNP-Granula finden sich nach der Phase der diffusen Färbung zumeist in kleinen Vakuolen, die den Lysosomen bzw. Vakuolen des vakuolären Apparates entsprechen. Anderseits beschreibt Schmidt (1961) einen tiefgreifenden Umbau des Ergastoplasmas (ergastoplasmatischer Strukturen), der zur Bildung von Krinomen führt. Dabei werden nach einer initialen Verdichtung die zusammengesinterten Strukturen von einer Membran umgeben und damit gegen das Cytoplasma abgegrenzt (Abb. 13, 14). Zu ähnlichen Segregationsvorgängen kommt es auch unter anderen Bedingungen im Cytoplasma; so entstehen nach Ashford und Porter (1962) in isolierter Leber unter Durchströmung mit Glukagon zahlreiche Lysosomen. In diesen neugebildeten, membranbegrenzten Räumen liegt eine Reihe von Cytoplasmakomponenten, z. B. Mitochondrien oder deren Bruchstücke, kleine Bläschen, RNP-Partikel und sogar Cisternen des endoplasmatischen Retikulums.

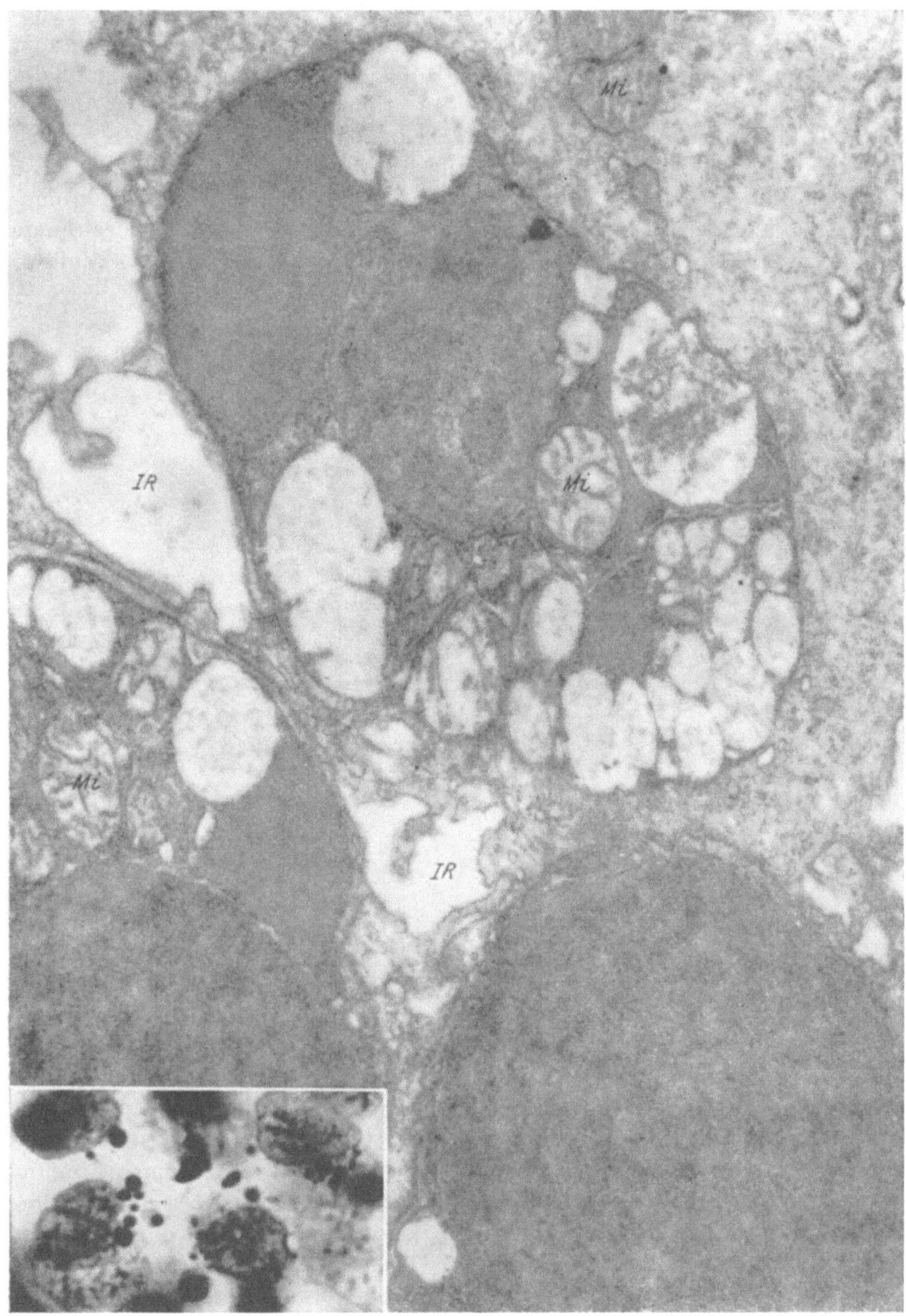

Abb. 12. Epidermis — Tritonlarve. Neutralrot 48 Stdn. Links unten: In der Nähe der Zellkerne mehrere DNS-Krinomgranula. Carnoy-Gallocyanin-Chromalaun. 1100×. Im elektronenmikroskopischen Bild finden sich neben zahlreichen „leeren" Vakuolen auch Vakuolen mit granuliertem Inhalt. Mitochondrien (*Mi*), Interzellularraum (*IR*). 27.000×. (Nach W. SCHMIDT 1960.)

Die Cytoplasmastrukturen aller Zellen, besonders aber die ergastoplasmareicher Arten, sind im Ablauf der Lebensvorgänge nicht starr und konstant, sondern unterliegen starken funktionellen Schwankungen. Beim Studium der Alterung und starker funktioneller Belastung an großen Ganglienzellen und Leberzellen konnte Hyden (1952) nicht nur den Verlust von Ribonukleinsäure, sondern auch eine Einbuße von Proteinen, d. h. also eine Abnahme aller Cytoplasmabausteine, nachweisen. Diese als Chromatolyse (Marinesco 1896) bzw. Chromolyse (van Gehuchten 1897) bezeichnete Erscheinung führt im weiteren Verlauf ebenfalls zur Bildung vakuolärer

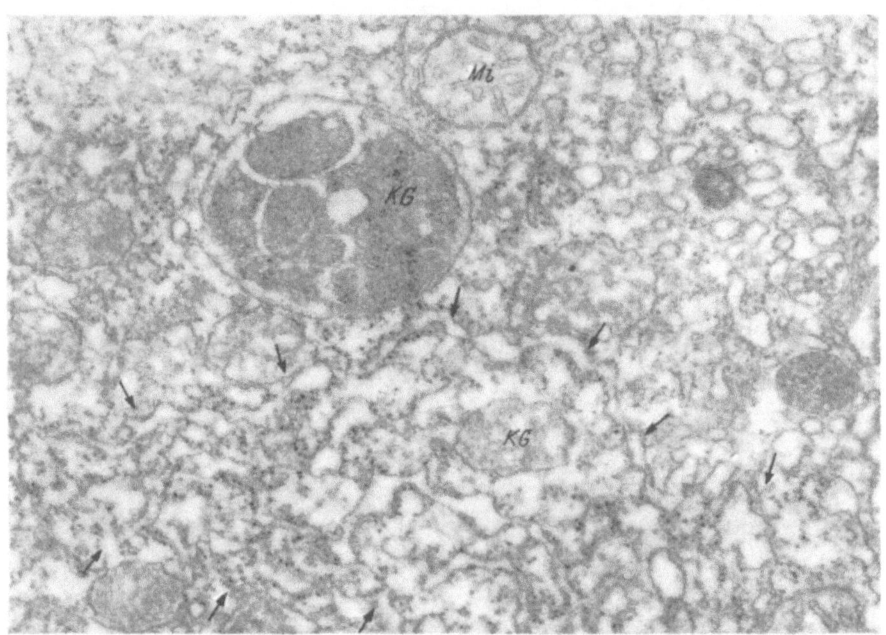

Abb. 13. Dünndarmepithelzelle — Triton. Neutralrot 48 Stdn. Ausschnitt aus dem supranukleären Cytoplasma. Neben fertig ausgebildeten, membranbegrenzten Krinomgranula (*KG*) zeigt das Ergastoplasma beginnende Destruktionserscheinungen (↓). 27.000 ×. (Nach W. Schmidt 1960.)

Zelleinschlüsse; wahrscheinlich liegt diesem Vorgang ein der Krinombildung ähnlicher Mechanismus zugrunde. Eine umfassende Darstellung der Labilität ergastoplasmatischer Strukturen unter physiologischen und pathologischen Bedingungen findet sich bei Altmann (1955). Jedenfalls ist es wahrscheinlich, daß im Falle der Krinombildung unter Vitalfärbungsbedingungen Vorgänge sichtbar werden, die auch unter physiologischen und pathologischen Gewebeverhältnissen häufiger vorkommen als gewöhnlich angenommen wird.

5. Die Krinombildung ist vielfach bereits der Ausdruck einer schweren Schädigung, von der sich die Zellen nur bedingt erholen können.

e) Farbstoffabgabe

Während die Probleme, die mit Einbringung und Verarbeitung oder Speicherung von Vitalfarbstoffen verknüpft sind, durch zahlreiche Forscher

von allen Seiten beleuchtet und untersucht wurden, fanden die Vorgänge,
die sich bei der Farbstoffabgabe abspielen, relativ wenig Beachtung. Dies
wird verständlich, wenn man bedenkt, daß es sehr schwierig, wenn nicht
unmöglich ist, die intrazellulären Bedingungen, unter denen die Abgabe
stattfindet, exakt zu erfassen: Die aufgenommenen Stoffe liegen intrazellulär, nach physikochemischen Wertigkeiten gebunden oder auch durch
aktive Zelltätigkeit abgeschieden, vielleicht sogar in ihrer Struktur verändert vor. Eine weitere Schwierigkeit ergibt sich bei der Deutung der
Befunde aus der Tatsache, daß zwischen den am Vitalfärbungsgeschehen

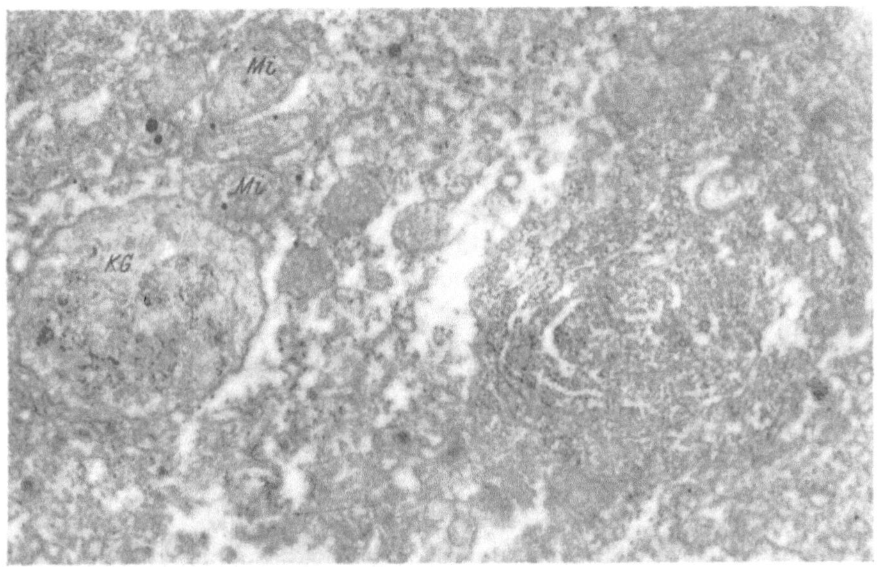

Abb. 14. Dünndarmepithelzelle — Triton. Neutralrot 48 Stdn. Ausschnitt aus dem supranukleären Cytoplasma. Links Krinomgranulum (*KG*), rechts: Zusammenballung ergastoplasmatischer Strukturen. 27.000×.
(Nach W. Schmidt 1960.)

beteiligten Zellen sehr große Unterschiede sowohl bezüglich ihres
morphologisch faßbaren Aufbaus als auch bezüglich ihrer physiologischen
Leistungen bestehen. Vielfach werden nicht alle der in den vorigen Kapiteln besprochenen Phasen der Vitalfärbung erreicht, sondern es erfolgt
bereits in den ersten Stadien gleichzeitig mit der Aufnahme auch wieder
eine Abgabe; die Probleme der Farbstoffabgabe müßten also eigentlich im Zusammenhang mit jeder der besprochenen Phasen diskutiert
werden.

In vorwiegend resorbierenden oder sezernierenden Zellen halten sich
Stoffaufnahme und -abgabe annähernd das Gleichgewicht. Daher kommt
es kaum zu intrazellulären Speicherungen. Die Richtung der Stoffabgabe
kann dabei verschieden sein. Verfolgt man z. B. das Schicksal eines oral
applizierten Kontrastmittels, das nach kurzer Zeit in Galle oder Darm
ausgeschieden wird, dann muß man folgende Passagen festhalten:

1. Durch das Darmepithel vom Apex der Zellen zur Basis; durch die Basalmembran ins Interstitium.

2. Durch Gefäßendothelien (von Blut- oder Lymphgefäßen) von der Basis zur Oberfläche.

3. Im Ausscheidungsorgan (Leber, Niere oder Drüsen) durch die Kapillarwand ins Interstitium und schließlich

4. durch Basalmembranen und sezernierende Epithelien von der Zellbasis zur -oberfläche.

Sicherlich können einzelne Abschnitte dieses Weges durch einen speziellen Bau der Gefäßwände (Lebersinusoide, Hampton 1958, Wassermann 1948, Glomerulusendothel Rhodin 1955, Farquhar und Palade 1960, Bohle und Sitte 1962) erleichtert werden. Umgekehrt gibt es aber gesicherte Hinweise darauf, daß gewisse Zellen zu gleicher Zeit nach beiden Richtungen einen Stofftransport durchführen können, z. B. die Epithelien des Nierenhauptstückes (Rollhäuser 1957, 1960, Rollhäuser und Vogell 1960), mesotheliale und endotheliale Membranen (Staubesand 1962), Parenchymzellen, Sinusendothelien der Leber (Hampton 1958).

Soweit es sich bei diesem Transport um Membranflußmechanismen (Bennett 1956) handelt, kann man annehmen, daß die durch Einstülpung der Zelloberfläche entstandenen Pinocytosebläschen ihren Inhalt an der Zellbasis oder in den Interzellularraum „entleeren". Diese relativ einfache Annahme würde die hohe Geschwindigkeit erklären, mit der solche Vorgänge ablaufen.

Die Abgabe molekulardisperser Farbstoffe im Stadium der Diffusfärbung wird mit Diffusionsvorgängen erklärt (Schmidt 1961). Kleine Wassertiere, die mit Acridinorange vitalgefärbt waren, führten auch nach mehrmaliger Spülung zu einer leichten Grünfluoreszenz der frischen Spülflüssigkeit; lokal mit Acridinorange gefärbte Leberzellen bewirken schon nach wenigen Minuten eine Fluoreszenz des umgebenden, zunächst ungefärbten Gewebes. Sicherlich handelt es sich dabei um die relativ locker an Zellbausteine gebundenen bzw. adsorbierten Farbstoffanteile, die passiv aufgenommen und abgegeben werden. Auch die elektronenmikroskopische Untersuchung kann zur Klärung dieser Frage wegen des niedermolekularen Charakters und der geringen Dichte der Farbstoffe nichts beitragen.

Doch auch die Abgabe von vakuolär gespeichertem Farbstoff bzw. Farbstoff-Zellbaustein-Komplexen ist noch nicht zufriedenstellend untersucht. Die Enzymausstattung der Speichervakuolen (Lysosomen) und ihre — zumindest lagemäßige — Beziehung zum Golgifeld legen jedoch die Vermutung nahe, daß hier eine Transformation des aufgenommenen Materials erfolgt oder zumindest versucht wird. Neutralrot und Acridinorangevakuolen verschwinden jedenfalls rasch aus den Zellen; wie dieser Vorgang abläuft, läßt sich wieder nicht darstellen. Vielleicht handelt es sich dabei — nach Sistieren der Zufuhr des Farbstoffes — um einen ähnlichen, nur umgekehrt verlaufenden Vorgang, wie er der Aufnahme bis zur Diffusfärbung zugrundeliegt.

Bei gewissen Farbstoffen (Fluorescein Hanzon 1952, Methylenblau Nagel 1931) ist zur Aufrechterhaltung der Speicherung (Abscheidung) in Vaku-

olen eine Energiezufuhr notwendig. Bei Sauerstoffmangel oder Röntgen-
bestrahlung ergießt sich der Farbstoff wieder ins Cytoplasma. Ähnliches
konnte Stockinger (1958) an kultivierten Zellen beobachten, die mit
Acridinorange vitalgefärbt waren. Die intrazellulären Vakuolen zeigen
im UV-Licht zunächst eine kupferrote Fluoreszenz, während das Cytoplasma kaum gefärbt ist. Im Laufe der Bestrahlung nimmt nun entweder
die Fluoreszenzintensität des Vakuoleninhalts ab und die Grünfluoreszenz
des Cytoplasmas zu, oder die Vakuole platzt und verschwindet, wobei im
gleichen Moment eine Diffusfärbung des Cytoplasmas eintritt. Die UV-
Bestrahlung bzw. die dabei gebildeten Stoffe schädigen oder hemmen ver-
mutlich energieliefernde Stoffwechselprozesse; diese Wirkung wird durch
die Anwesenheit des Farbstoffes verstärkt (photodynamischer Effekt). Die
Verteilung des Farbstoffes in der Zelle und die Abgabe an die Umgebung
folgen nach dem Zusammenbruch des Energiehaushaltes rein physikalisch-
chemischen Gesetzen; natürlich handelt es sich unter diesen Umständen
auch nicht mehr um eine Vitalfärbung. In Epithelien werden im Stadium
der Phase einer diffusen Färbung und der Farbstoffabgabe die Inter-
zellularräume erweitert (Schmidt 1960); dieser Befund spricht für einen
vermehrten Flüssigkeitsdurchtritt, dem natürlich Transportfunktionen zu-
kommen.

Die durch Segregation von Cytoplasmateilen entstandenen Krinome sollen dagegen nach einer gewissen Zeit aus den Zellen ausgestoßen werden;
so konnte Schmidt (1961) am Darmepithel von Daphnien die Ausstoßung
des Krinoms elektronenmikroskopisch darstellen. Weissmann (1953) dagegen
glaubt, daß auch derartige Ablagerungen von der Zelle aufgelöst werden.

Anderseits ist bekannt, daß gewisse intrazelluläre Ablagerungen über
längere Zeit, unter Umständen sogar dauernd, in den Zellen erhalten bleiben (Altmann 1955).

Die Zellen des RES sind durch eine besondere Speicherfähigkeit ausge-
zeichnet. Es kann sich bei ihren Speicherprodukten jedoch nur um Verbindungen handeln, die einerseits für die Zelle inert sind oder durch Bindung
an zelleigene Stoffe biologisch neutral gemacht wurden und die anderseits
von den Zellenzymen überhaupt nicht oder nur sehr langsam abgebaut
werden können, wie dies von Essner und Novikoff (1960) auch für die Ablagerung von Lipofuscin angenommen wird.

Die Stoffabgabe aus vitalgefärbten Zellen ist ein Vorgang, der mit
unseren derzeitigen Untersuchungsmethoden nur in wenigen Fällen direkt
darstellbar ist und dessen Mechanismen nur hypothetisch erklärt werden
können. Gesichert erscheint der in vielen Fällen sehr rasch ablaufende
Transport flüssiger und kolloidaler Stoffe in membranbegrenzten Räumen,
der diese Stoffe an die Zellbasis oder in den Interzellularraum führt. Ob
und wieweit dabei ein Umbau der aufgenommenen Stoffe erfolgt, kann
ebenfalls nicht erfaßt werden. Noch schwieriger scheint die Klärung der
Abgabe von gespeicherten und segregierten Stoffen zu sein. Massive
Speicherungen sind jedoch ein Hinweis auf ein pathologisches Geschehen in
der Zelle oder auf das Unvermögen, die aufgenommenen Stoffe zu ver-
arbeiten und abzugeben.

3. Selektive Darstellung von Zellorganellen

Der Versuch, einzelne Zellorganellen vital zu färben, stellt in den meisten Fällen bereits einen schweren Eingriff in das physiologische Geschehen der Zelle dar. Der Zellkern und die Mitochondrien waren die wichtigsten und häufigsten Objekte dieser Bestrebungen. Zahlreiche Beobachtungen an Nukleolen, Chromosomen usw. sind Nebenbefunde im Rahmen anderer Themen; die Erfassung dieser Befunde ist daher sehr schwierig und vielfach unmöglich.

Die ältere Literatur über die Vitalfärbung des Zellkernes diskutiert Zeiger (1938). Im Gegensatz zur Farbstoffaufnahme und Speicherung im Cytoplasma ist eine echte vitale Färbung des Zellkerns nur in Ausnahmefällen unter besonderen Versuchsbedingungen, vor allem unter Sauerstoffmangel, möglich. Die Reversibilität der Kernfärbung ist ein wichtiges Kriterium dafür, daß es sich um die Färbung lebender, intakter Zellen handelt (Nassonov 1930, Alexandrov 1933, Makarov 1934). Seeger (1938) fand bei Tumorasciteszellen weder mit basischen noch mit sauren Farbstoffen eine Färbung der Kerne der kleinen und mittelgroßen Zellen mit homogenem bis zart granuliertem Plasma; die anderen Zellen, die Granula und Vakuolen im Cytoplasma enthalten, speichern den Farbstoff mehr oder weniger oft in Kern und Nukleolus, während die degenerierten und abgestorbenen Zellen eine intensive, irreversible Plasma- und Kernfärbung aufweisen. „Ein ganz bestimmter Kolloidzustand" (Zeiger 1938), der bei vereinzelten Kerntypen schon normalerweise vorliegt, bei anderen erst durch Reizung der Zelle, wie Asphyxie (Nassonov 1930) oder Hypotonie (Kamnev 1934), hervorgerufen wird, führt zu reversiblen Gelbildungen, also zu einer Verdichtung, die erst die Möglichkeit einer stärkeren Farbstoffadsorption schaffen soll. Eine Veränderung der Solvatation der stark hydratisierten Kerneiweiße, die als Reaktion von Elektrolytverschiebungen zwischen Cytoplasma und Kernraum ohne Schwierigkeiten vorstellbar sind (Ries 1937), führt zu intensiveren Kernfärbungen, während diffuse, schwache Anfärbungen bei den geringen Dimensionen des Kernraumes besonders bei deutlicher Cytoplasmafärbung nicht einwandfrei feststellbar sind. Pischinger (1937, 1950) sieht im Auftreten dieser reversiblen Strukturveränderungen einen Regulationsmechanismus für das elektrische Potential der Zellen. Weitere Arbeiten zu diesem Thema wurden u. a. von Monné (1935), Becker (1936), Bank (1938), Bank und Kleinzeller (1938) und Fischer (1939) durchgeführt.

Durch die Einführung der Fluorochrome und der fluoreszenzmikroskopischen Untersuchungstechnik wurde es möglich, sehr geringe Farbstoffkonzentrationen nachzuweisen. Dadurch gelingt es regelmäßiger, Zellkerne vital darzustellen. Abgesehen von den Konzentrationsunterschieden der Farbstoffe besteht Übereinstimmung mit der Diachromfärbung. Auch die vitale Kernfluorochromierung ist reversibel. Wiederholte Beobachtungen (Weissmann und Gilgen 1956, Wittekind 1958) konnten die Entfärbung der Zellkerne bei gleichzeitiger granulärer Abscheidung des Farbstoffes im Cytoplasma bestätigen. Zwischen dem Bild der initialen Farbstoffüberschwemmung des vitalen Zellkernes und der Anfärbung toter Zellkerne ist zunächst kein großer Unterschied. WITTEKIND (1958) meint dazu: „Man wird daher doch annehmen müssen, die Strukturfluorochromierung von Zellkernen intra vitam und post mortem ergebe zwar gleiche Bilder, beruhe aber auf grundsätzlich verschiedenen physikalisch-chemischen Vorgängen." Für die besonders bei Acridinorange-Fluorochromierung im Kernbereich auftretende Rotfluoreszenz unmittelbar nach der Farbstoffaufnahme führt WITTEKIND (1958) drei Erklärungsmöglichkeiten an:

1. Eine Rotfluoreszenz wäre nur vorgetäuscht, in Wirklichkeit ist der Kern nur von rotfluoreszierenden Plasmamembranen überlagert.

2. Der Farbstoff wird nur an der Kernmembran bis zur Rotfluoreszenz adsorbiert, im Kerninneren sind die Farbstoffkonzentrationen geringer.

3. Auch im Kerninneren ist der Farbstoff bis zur Rotfluoreszenz angereichert.

Besonders die in Punkt 1 und 2 erwogene Möglichkeit könnte — sich summierend — die vorübergehende rote Kernfärbungsphase erklären. Die auffällige Affinität von Diaminoacridinen für vitale Zellkerne betonen auch DE BRUYN, ROBERTSON und FARR (1950).

Innerhalb des Kernraumes treten bei der Vitalfärbung des Zellkernes die N u k l e o l e n meist im Farbton des übrigen Zellkernes stärker gefärbt hervor (SEEGER 1938 usw.). In Gewebekulturen bewirkt bereits eine Acridinorangekonzentration von 10^{-6} innerhalb des homogen blaßgelbgrünlich fluoreszierenden Zellkernes eine etwas intensivere gelborangefarbene Fluoreszenz der Nukleolen (STOCKINGER 1953).

Mit zunehmender Farbstoffkonzentration kommt es sehr rasch zu Schädigungszeichen im Zellkern, die wahrscheinlich während der Bestrahlung durch die photodynamische Wirkung des Farbstoffes hervorgerufen werden. LISON (1936) fand eine besondere, elektive Vitalfärbung der Nukleolen im Malpighischen Gefäß bei *Forficula auricularia* L i n n. mit einer Reihe von sauren Farbstoffen. Die Funktion der gefärbten Zellen wurde durch die Färbung, die noch nach fünf Tagen festzustellen war, nicht beeinflußt. Interessanterweise glückte diese Färbung nicht bei anderen Zelltypen. In diesem besonderen Fall wäre eine Verankerung der sauren Farbstoffe an einer besonders hohen Proteinkomponente des Nukleolus als Bindungsort in Betracht zu ziehen.

Auch die C h r o m o s o m e n zeigen in Vitalfärbungsexperimenten eine besondere Affinität zu basischen Vitalfarbstoffen. WITTEKIND (1958) betont, daß es auch bei hohen Fluorochromkonzentrationen (Acridinorange) in größerem Prozentsatz nur zu einer Grünfluoreszenz der Chromosomen kommt. Diese Feststellung kann ich auf Grund eigener Erfahrungen bestätigen. STRUGGER (1940) empfiehlt ebenfalls Acrindinorange (in schwach alkalischer Lösung) zur Vitalfärbung der Chromosomen. Verschiedene Mitosestörungen nach Neutralrot, Trypaflavin und anderen Acridinfarbstoffen (POLITZER 1934, BUCHER 1939, LASNITZKI und WILKINSON 1948, MEYER 1958 usw.) sind wahrscheinlich die Folge dieser hohen Affinität.

Zur Vitalfärbung der M i t o c h o n d r i e n wird vor allem Janusgrün (Diazingrün) verwendet (siehe dazu bei ROMEIS 1948). MICHAELIS (1900, 1902), der Diazingrün als Vitalfarbstoff einführte, unterteilte die im Cytoplasma lebender Zellen mit Methylenblau, Neutralrot und Diazingrün vital färbbaren Körnchen in drei Gruppen, ausgehend von ihrer Färbbarkeit. In Leberzellen z. B. unterscheidet er randständige Körnchen, die sich bevorzugt mit Neutralrot, unter Umständen auch mit Diazingrün, niemals aber mit Methylenblau färben. Eine zweite Gruppe färbt sich leicht mit Methylenblau, eventuell auch mit Diazingrün, nimmt aber nie Neutralrot auf. In Speicheldrüsenzellen dagegen färben sich fädchenartige Gebilde nur mit Diazingrün an. Schon Michaelis erkannte, daß für den sichtbaren Erfolg dieser Färbung mit Janusgrün, ähnlich wie bei der Methylenblaufärbung, der Zutritt von Luftsauerstoff nötig ist. Die Färbung mit Janusgrün bzw. Diazingrün hat in der Folgezeit eine weite Verbreitung gefunden und wird allgemein als Vitalfärbung bezeichnet, obwohl gleichzeitig immer wieder auf die starke Toxizität des Farbstoffes hingewiesen wird. Nach Lewis und Lewis (1915) ist dieser Farbstoff selbst in Verdünnung von $1 : 2 . 10^5$ für kultivierte Zellen so giftig, daß sie in wenigen Stunden absterben. Es ist also sicher eher berechtigt, von einer supravitalen Färbung zu sprechen, wie dies in vielen Publikationen auch geschieht. Für den Erfolg der supravitalen Mitochondriendarstellung mit Janusgrün ist weiter die Wahl der Farbstoffmarken ausschlaggebend (Romeis 1948). Die biochemische Grundlage dieser spezifischen Mitochondrienfärbung ist das Vorkommen oxydativer Enzyme in den färbbaren Strukturen (Novikoff 1961). Lazarow und Cooperstein (1953) sind der Meinung, daß sich Janusgrün mit Flavoprotein-Enzymen verbindet, die auch in anderen Cytoplasmastrukturen (Mikrosomen usw.) enthalten sind, daß der Farbstoff jedoch dort in der reduzierten Leukoform vorliege; nur in den Mitochondrien würde der Farbstoff durch den hohen Gehalt von Cytochrom c_1, c und a_3 zur blauen Form oxydiert. Diesen Vorstellungen wurde zum Teil widersprochen, teilweise wurden sie bestätigt (Brenner 1953, Frederic 1958). Die supravitale Darstellung der Mitochondrien mit Tetrazoliumsalzen beruht auf ihrem hohen Gehalt an verschiedenen Dehydrogenasen bzw. auf den im Rahmen des Elektronentransportes in der Nachbarschaft dieser Enzyme ablaufenden Reaktionen (Literatur bei Novikoff 1960).

Auch mit anderen lipoidlöslichen Redoxindikatoren, wie Brillantkresylblauchlorid, Kresylviolett, Toluidinblau und Methylenblau, gelingt die vitale beziehungsweise supravitale Darstellung der Mitochondrien sehr gut. HCN hebt ihre vitale Methylenblaufärbung auf. Zeiger (1955) betont, daß die der Mitochondrienfärbbarkeit zugrunde liegenden Reaktionen ein Ausdruck der vitalen Aktivität der Zelle sind; ihre Schwankungen seien durch Änderungen des Redoxpotentials der Zelle und ihrer Organellen bedingt. Auch mit Rhodaminen ist eine vitale Fluorochromierung der Mitochondrien möglich (Monné 1938, Zeiger 1955).

Die o s m i o p h i l e n K ö r p e r (Baker 1953, Hirsch 1955), für die eine Reihe von Synonymen wie Golgi-Körper, Golgi-Apparat usw. in der Literatur eingeführt wurde, waren ebenfalls vielfach das Ziel spezifischer Vitalfärbungen (Tarao 1953 usw.). Zeiger (1953) und auch Hirsch (1955) empfehlen jedoch eine sehr vorsichtige Beurteilung solcher Ergebnisse. Monné (1942) untersuchte eine größere Zahl basischer Farbstoffe an Spermatocyten und Spermatiden von *Helix* und fand, daß Farbstoffe, die besser in Toluol als in Wasser löslich und bei pH 7 vollständig dissoziiert sind, neben einer diffusen Cytoplasmafärbung besonders jene Zellareale darstellen, die den höchsten Gehalt an fettartigen Stoffen aufweisen, wie Golgi-Externum und Mitochondrien. Die wichtigsten Farbstoffe dieser Gruppe sind Rhodamin B, Prune pure, Chrysoidin, Bismarckbraun, Viktoriablau und Rhodamin 6 G. Zu einer zweiten Gruppe von Farbstoffen, die bei pH 7 besser in Toluol als in Wasser löslich, dabei aber nur etwas dissoziiert sind und elektiv die Golgi-Interna färben, gehören Xantho-Pyronin, Acridinorange, Neutralrot, Nilblausulfat, Kresylechtviolett und Brillantkresylblau. In eine dritte Gruppe schließlich reiht er Farbstoffe, die besser in Wasser als in Toluol löslich sind; diese färben elektiv Mitochondrien. Hierzu gehören u. a. Gentianaviolett, Methylviolett, Janusgrün und Pyronin. Die einfachste Unterscheidung ergibt sich bei der Färbung mit Chrysoidin, das nur Golgi-Externum, mit Bismarckbraun, das manchmal Golgi-Externum und Internum, sowie mit Neutralrot, das nur das Internum darstellt. Auch Trimethylthionin, eine Fraktion des Methylblau, färbt die osmiophilen Körper lebender Fibroblasten spezifisch (Lasfargues 1949, Lasfargues und di Fine 1950).

Die engen räumlichen Beziehungen zwischen den Vakuolen und Granula, die im Zuge der Stoffaufnahme und der intrazellulären Verarbeitung sowie im Rahmen von Segregationsprozessen auftreten (Parat 1928), und den Bläschen der charakteristischen Golgi-Strukturen lassen auf eine funktionelle Verbindung dieser Strukturen schließen, eine einwandfreie morphologische Trennung ist jedoch selbst mit Hilfe der Elektronenmikroskopie nicht möglich.

D. Cyto- und Histochemie bzw. Physikochemie

Bei Beachtung strenger Kriterien bezüglich des Vitalitätszustandes der gefärbten Zellen und Organe sind die Möglichkeiten cyto- und histochemischer Forschung mit Hilfe der Vitalfärbung relativ gering. Die Ergebnisse der Vitalfluoreszenzuntersuchungen werden in einem eigenen Kapitel besprochen.

Die Bestimmung der Wasserstoffionenkonzentration (pH) und des Oxydo-Reduktionspotentials (rH) von Geweben, Zellen und bestimmten Zellabschnitten ist auch in der lebenden Zelle im Prinzip möglich. Um die Aufklärung dieser Fragen haben sich vor allem Ries (1938) und Mitarbeiter bemüht; sie empfehlen folgende Indikatoren zur Bestimmung der Wasserstoffionenkonzentration (s. Tab. 4, S. 56).

Die Applikation der Indikatorfarbstoffe kann direkt erfolgen, wobei die angebotenen Farbstoffe aus dem umgebenden Medium eindringen müssen (Arnold 1938 usw.); die meisten der angegebenen Farbstoffe werden jedoch von zahlreichen Objekten nur sehr langsam aufgenommen. Eine weitere Applikationsmöglichkeit wurde von Chambers (1922) und Schmidtmann (1927) geschaffen: Feinste Körnchen der Indikatorsubstanz, bzw. kleinste Mengen von Indikatorlösungen, werden mit dem Mikromanipulator ins Zellinnere eingebracht und die aktuelle Reaktion durch Vergleich mit gefärbten Pufferlösungen ermittelt. Eine Reihe von Fehlerquellen entsteht dabei bereits durch unterschiedliche Lösungsverhältnisse, die durch die stoffliche Natur des gefärbten Substrates bedingt sind (Eiweiß-, Salz-, Lipoidfehler usw.). Spek (1940) konnte die Einwände Lisons gegen die Verwendung metachromatischer Farbstoffe für die intrazelluläre pH-Bestimmung mit einer Reihe von Modellversuchen entkräften. Wiercinski (1955) behandelt in einem der Beiträge dieses Handbuches die theoretischen Grundlagen, die praktische Durchführung und die Ergebnisse der intrazellulären pH-Bestimmung [1].

Tabelle 4.

Farbstoff	Umschlagsbereich pH	Eignung	
		zu direkter Vitalfärbung	zur Mikro-injektion
Bromphenolblau	3,0 — 4,6	—	+
Bromkresylgrün	3,8 — 4,5	—	+
Methylrot	4,4 — 6,2	+	+
Chlorophenolrot	4,8 — 6,4	(+)	+
Bromkresolpurpur	5,2 — 6,8	(+)	+
Bromphenolrot	5,4 — 7,0	—	+
Alizarin-Na	5,5 — 6,8	(+)	
Bromthymolblau	6,0 — 7,6	—	+
Phenolrot	6,8 — 8,4	(+)	+
Neutralrot	6,8 — 8,0	+ + +	—
o-Kresolrot	7,0 — 8,8	+	+
m-Kresolrot	7,6 — 9,2		+
Nilblauchlorhydrat	7,2 — 7,7 (8,6)	+ + +	
Thymolblau	8,0 — 9,6	—	+
Nilblausulfat	10,2 — 13,0	+ + +	—

Auch mit fluoreszenzmikroskopischen Methoden ist die intrazelluläre pH-Bestimmung im Prinzip möglich, da eine Reihe von Fluorochromen in dem in Frage kommenden pH-Bereich einen Farbumschlag zeigen (Tabellen bei Strugger 1949 — siehe S. 9 dieses Beitrages —, Haitinger 1959 usw.).

Die intravitale Bestimmung des Oxydo-Reduktionspotentials (rH) in lebenden Zellen beruht auf ähnlichen Grundlagen wie die pH-Bestimmung und wird mit gleicher Technik durchgeführt. Auch diesbezüglich verdanken wir Ries grundlegende Arbeiten und eine klare Zusammenfassung der Ergebnisse.

Zu Messungen in lebenden Systemen steht eine Reihe verschiedener, leicht reduzierbarer (Indikator-) Vitalfarbstoffe zur Verfügung, deren Umschlagwerte beziehungsweise rH bekannt sind. Wegen der Abhängigkeit

---

[1] Es ist allerdings verwunderlich, daß in seiner umfangreichen Diskussion weder die grundlegenden, bisher nicht widerlegten und auch nicht überholten Angaben von Ries noch die Darstellungen Zeigers erwähnt werden.

des Redoxpotentials von der Wasserstoffionenkonzentration ist die Kenntnis des pH-Wertes Voraussetzung für die Bestimmung des rH.

Durch die z. T. beträchtliche Toxizität der Farbstoffe wird der Vitalitätszustand beeinflußt und damit der Aussagewert der Messungen vermindert. Die Grenze des vitalen Reduktionsvermögens liegt unter aeroben Bedingungen bei rH 5,9. Sehr interessant sind folgende Ergebnisse, die RIES (1938) ausführlich interpretiert. Alle kolorimetrisch faßbaren Redox-

Tabelle 5.

rH Indikatoren nach RIES (1938).

Farbstoff	Normalpotential bei pH 7	rH für Gemisch 50% reduz. und 50% oxydiert	Applikation	
			direkt	Mikro-injekt.
(Sauerstoffelektrode)	+0,81	41,0		
m-Bromphenolindophenol	+0,248	22,3	+	+
Phenolblauchlorid	0,227	21,6	+	+
Phenol-indo-2,6 dichloro-phenol	0,217	21,3		+
1 Naphtol-2 Sulfonat-Indo-phenol	0,123	18,1		+
Toluylenblauchlorid	0,115	17,9	+++	
Brillantkresylblauchlorid	0,045	15,5	+++	
Methylenblauchlorid	0,011	14,4	+++	
Janusgrün (1. Redukt. Stufe Diaethylsafranin)			+++	
Kaliumindigotetra-sulfonicum	−0,046	12,5	+	+
Aethyl-Capriblaunitrat	−0,06	12,0	+	+
Kaliumindigotrisulfonicum	−0,081	11,3	++	+
Kaliumindigodisulfonicum	−0,125	9,9		+
Nilblauchlorid		8,8	+	
Phenosafranin		5,9	+	
Neutraljodid		4,0	+++	
(Wasserstoffelektrode)	−1,421	0,0		

prozesse scheinen demnach im Cytoplasma vor sich zu gehen, während sich die Zellkerne absolut indifferent verhalten; in oxydiertem Zustand injizierte Indikatoren bleiben im Zellkern oxydiert, reduzierte bleiben reduziert (CHAMBERS und POLLACK 1926). Diese Ergebnisse der Vitalfärbungstechnik wurden mit physikalisch-chemischen Methoden von BLADDERGREN, mit histochemischen durch Färbung mit Ehrlichs saurem Hämatoxylin bestätigt (PISCHINGER 1955). Durch anaerobe Bedingungen wird das rH der Zelle erniedrigt (NASSONOV 1930, 1932, ALEXANDROV 1933 usw.). Das Sauerstoffbedürfnis ist weiter von Funktion und Lage der Organe sowie von der O_2-Spannung des Milieus abhängig. Ob und wie reduzierende oder oxydierende Eigenschaften an bestimmte Substanzen gebunden sind, ist auch heute nicht eindeutig und vollständig zu erfassen. Neben den bekannten Redoxsystemen (Vitamin C, Gluthation usw.) scheinen sowohl in den Zellen als auch im Blut sehr kräftige Systeme, z. B. ungesättigte Fettsäuren (Pischinger 1957), vorzuliegen. Zahlreiche oxydierende und reduzierende Fermente, die Oxydo-Reduktionsvorgänge katalysieren, sind mit spezifischen histochemischen Methoden z. T. auch in lebenden Zellen nachweisbar (Ried 1952); die Lokalisation und Intensität dieser Reaktionen geht weitgehend mit den indirekt durch die Vitalfärbung gewonnenen Werten parallel.

Ein weiteres interessantes Ergebnis der Arbeiten von Ries (1938) und Mitarbeitern ist die Feststellung, daß das Redoxpotential durchaus nicht in dem Maß an das Leben der Zelle gebunden ist wie das pH.

Als direkten histochemischen Nachweis könnte man die Vitalfärbung von Fe t t s u b s t a n z e n bezeichnen. Hadjioloff (1938) gibt einen Überblick über ältere Versuche und eigene Experimente zur enteralen und parenteralen Applikation und Aufnahme von Farbstoffen. Praktisch wird dabei entweder fetthaltiges Futter mit Sudan III oder Scharlach vermischt verabreicht oder eine Sudan- beziehungsweise Scharlachlösung injiziert. Verfütterung von 0,1 g mit Sudan III gesättigtem Fett bewirkt bei der Maus schon nach 6 Stunden eine leuchtende Rotfärbung des gesamten Fettes (Romeis 1948). Die Modellversuche von Boerner (1952) mit den Fluorochromen Rhodamin B und Pyronin könnten wesentlich zur Differenzierung verschiedener Fettarten im Vitalfärbungsexperiment beitragen.

Der fluoreszenzmikroskopische Nachweis der Desoxyribonukleinsäure beziehungsweise Ribonukleinsäure mit Hilfe von Vitalfluorochromen sowie die Möglichkeit histochemischer Differenzierungen von primären Fluoreszenzerscheinungen werden im Kapitel „Vitalfluorochromierung" besprochen.

E. Vitalfärbung und Pharmakologie

Der Großteil der Medikamente und Wirkstoffe besteht aus farblosen Verbindungen, deren Verteilung und intrazelluläre Lokalisation nicht direkt faßbar ist. Trotzdem ist die schon eingangs getroffene Feststellung berechtigt, daß diese Stoffe auf ihrem Weg durch die Zellen gleichen physikochemischen Gesetzen folgen müssen wie sichtbare Vitalfarbstoffe mit homologen Eigenschaften. Es ist dem Nichtfachmann auf dem Gebiet der Pharmakologie nicht möglich, diese Frage erschöpfend zu behandeln. Daher seien nur einige Hinweise gestattet.

Verschiedene Xanthen-Farbstoffe der Acridinreihe fanden schon vor geraumer Zeit als D e s i n f e k t i o n s mittel (Rivanol, Trypaflavin) sowie als Anti-Malaria-Präparate (Atebrin) große Verbreitung. Die bakteriostatische Wirkung der genannten und noch anderer Acridinpräparate basiert auf ihrer hohen Affinität zu Nukleinsäuren, die sich besonders deutlich mit Hilfe der Fluoreszenzmikroskopie darstellen läßt. Aus dem gleichen Grund kommt diesen Präparaten auch eine cytostatische Wirkung zu: Diese Eigenschaft wurde zunächst am Trypaflavin genauer untersucht (Bucher 1939, 1947, Lettrè 1941, 1946, 1950, Lasnitzki und Wilkinson 1948, Meyer 1958). Im Gegensatz zur Colchicinwirkung ist der „Trypaflavineffekt" (Bucher 1949) durch das Absinken der Gesamtmitosenzahl gekennzeichnet, wobei die eigentliche Störung vor dem Eintritt der Zellen in die Mitose, wahrscheinlich im Zeitpunkt der Nukleinsäurereduplikation, liegt. Nur bei höheren Farbstoffkonzentrationen treten auch charakteristische Kernpyknosen und Chromatinbrücken, ähnlich den nach Röntgenbestrahlungen und Neutralrotbehandlung beobachteten Pseudoamitosen (POLITZER 1924), auf. Veränderungen an nukleinsäurereichen Zellen des Gehirns nach Trypaflavingaben (WEHLING 1951) und Hemmwirkungen auf das Wachstum bösartiger Tumoren nach Verabreichung von Acridinderivaten (LEWIS und Mitarbeiter 1946, 1948) können ebenfalls als Störungen des Nukleinsäurestoffwechsels gedeutet werden (SUGAR und GATI 1956). Mit dem Drei-Farben-Gemisch: Brillantkresylblau-Kresylechtviolett-Bismarckbraun konnten hochaktive wie regenerierende Zellen und Tumorzellen deutlich im Wachstum gehemmt werden (STEINMANN und WILHELMI 1950, WILHELMI 1951). Die Beeinflussung des Teilungsgeschehens durch höhere Konzentrationen saurer Vitalfarbstoffe (Trypanblau) wird mit Veränderungen der physikochemischen Beschaffenheit des Cytoplasmas erklärt (MÖLLENDORFF und OSTROUCH 1939). Auch andere Verbindungen, z. B. das Sulfonamid Prontosil solubile, können ausnahmsweise als schwach basische Farbstoffe verwendet werden (CARTER 1939, DRAWERT 1950). Die Zahl derartiger Untersuchungen ist allerdings gering. In einschlägigen Lehrbüchern (MÖLLER 1961) finden sich ebenfalls Hinweise auf die Farbstoffnatur einiger Bakterizide (Azofarbstoffe: Scharlachrot, Chrysoidin, Prontosil, Acridinfarbstoffe: Trypaflavin, Proflavin, Rivanol, Atebrin; Benzidinfarbstoffe: Trypanrot, Trypanblau; Triphenylfarbstoffe: Kristallviolett, Gentianaviolett, Brillantgrün). Weiter wird auf den Farbstoffcharakter einiger Phenolderivate hingewiesen, die als Kontrastmittel bekannnt wurden. Sehr interessant erscheint auch die pharmakodynamische Wirkung bestimmter Farbstoffe, z. B. die Hemmwirkung von Methylenblau auf das Enzym Monoaminooxydase, die schon seit längerer Zeit bekannt ist (PHILPOT 1937) und seitdem wiederholt bestätigt wurde (BLASCHKO 1952, PHILPOT und CANTONI 1941, BALZER und HOLTZ 1956, IMAIZUMI, OMORI, UNOKI, SANO, WATARI, NAMBA und INNI 1959). Nach EHRINGER, HORNYKIEWICZ und LECHNER (1961) erwies sich Methylenblau bei der Ratte auch als ein wirksamer in-vivo-Hemmer der Gehirn-Monoaminooxydase und führte zu einer Steigerung des Gehaltes des Rattenhirnes an Katecholaminen und 5-Hydroxytryptamin. Bei diesen Versuchen wurde weiter die sedierende und zu Hypothermie führende Wirkung vom Methylenblau (50—100 mg/kg) bestätigt, die bereits KONZETT (1938) als potenzierenden Einfluß auf Schlafmittel und Narkose beschrieben hat. Die Autoren nehmen an, daß diese Wirkungen auf die enge Verwandtschaft des Methylenblaus mit Chlorpromazin zurückzuführen sei. Schon 1935 haben ELLIOT und BAKER über den Einfluß von Redoxfarbstoffen auf den Stoffwechsel von Normal- und Tumorzellen berichtet. Thiochrom wird durch Ascorbinsäure zu einer fluoreszenzfreien Verbindung reduziert und kann damit als ein empfindlicher Indikator für das Eindringen der Ascorbinsäure oder von Säuren überhaupt gelten (SCHOPFER 1942). Die Anreicherung von basischen Substanzen wie Protamin, Akridinorange und anderen Farbstoffen im Kern von glatten Muskelzellen des Meerschweinchen-Uterus ist mit einer deutlichen Steigerung der Kontraktionstätigkeit verbunden (Klingenberg, Lipp und Müller 1961); andere basische Substanzen, die keine Anreicherung im Zellkern zeigen, bleiben dagegen ohne Wirkung.

Auch cancerogene Stoffe folgen bezüglich Aufnahme und Bindung gleichen Gesetzen wie Vitalfarbstoffe und können z. T. direkt nachgewiesen werden. Der Monoazofarbstoff Buttergelb (Oil yellow II) erzeugt als cancerogene Substanz Lebertumoren. Andere cancerogene Stoffe sind zwar ihrer chemischen Natur nach keine Farbstoffe, können aber auf Grund ihrer Fluoreszenz in lebenden Normal- und Tumorzellen nachgewiesen und lokalisiert werden. So sind Benzpyren-Verbindungen schon kurze Zeit nach Pinselung der Mäusehaut in den Mitochondrien, nicht aber im Zellkern der resorbierenden Zelle nachweisbar, nach einer Woche aber wieder verschwunden (Graffi 1940, 1941, Melczer 1949, Doniac, Mottram und Weigert 1943). Mit der Resorption und intrazellulären Bindung von Benzpyren beschäftigten sich Miller (1951), Moodie, Reid und Wallick (1954); Methylcholanthren und verschiedene Rauchkondensate wurde von Simpson und Kramer (1943), Mellors, Hlinka und Hollender (1957) u. a. genauer untersucht. Weitere Angaben über Untersuchungen mit fluoreszierenden cancerogenen Stoffen finden sich bei Haitinger (1959) und de Lerma (1958).

Die färberische Darstellung von Strömen und Ladungen in Nerven lebender Versuchstiere ist zwar eher eine physiologische als pharmakologische Methode, sei aber dennoch kurz referiert. R. Keller (1953) untersuchte bei durchsichtigen Tieren (Daphnien) motorische, sensible und autonome Nerven auf ihre Färbbarkeit mit Rhodamin B und Vasoflavin. Die autonomen Nerven sind weniger gut, die motorischen am schwierigsten anzufärben, während sich die Achsenzylinder sensibler Nerven gut mit negativ geladenen Farbstoffen wie Rhodamin anfärben. Entsprechend einem negativen Ruhestrom schreitet das Gelborange des Rhodamins vom Chemorezeptor zum Gehirn fort, während durch Vasoflavin das Gehirn blau und andere Körperteile gelbgrün fluoreszierend erscheinen. Das Ruhepotential überlebender Skelettmuskelfasern und markhaltiger Nervenfasern des Frosches wird durch saure Farbstoffe wie Trypanblau kaum beeinflußt; basische Vitalfarbstoffe wie Janusgrün, Nilblausulfat, Methylenblau, Toluidinblau und Neutralrot bewirken ein vorzeitiges Erlöschen der Erregbarkeit des Muskels und der behandelten Schnürringe der Nerven. Diese Ruhepotentialverminderung durch Farbstoffe wird vor allem mit der Hemmung energieliefernder Stoffwechselvorgänge erklärt (Lehmann 1954, 1955).

VI. Vitalfluoreszenz und Vitalfluorochromierung

Obwohl in den früheren Kapiteln bereits wiederholt darauf hingewiesen wurde, daß der Fluorochromierung, d. h. also der Färbung mit Fluoreszenzfarbstoffen (= Fluorochromen), gleiche physikalisch-chemische Gesetze zugrunde liegen wie allen anderen biologischen Färbemethoden, sollen trotzdem die Ergebnisse dieser Untersuchungstechnik in einem eigenen Kapitel zusammengefaßt werden. Der Besprechung derartiger sekundärer Fluoreszenzerscheinungen muß jedoch eine kurze Darstellung der Primär- oder Eigenfluoreszenz vorgeschaltet werden.

A. Primär — Eigenfluoreszenz

Unter Primär- oder Eigenfluoreszenz versteht man alle Leuchterscheinungen, die bei der Bestrahlung mit Blaulicht (4800—3000 Å) und ultraviolettem Licht ($<$ 3000 Å) in unbehandelten Geweben und Organen sichtbar werden. Hamperl (1934) verdanken wir u. a. die systematische Durchuntersuchung der menschlichen Gewebe verschiedener Altersstufen auf ihre Eigenfluoreszenzerscheinungen. Obwohl es sich dabei nicht nur um Vitaluntersuchungen handelt, können die Ergebnisse doch weitgehend als solche gewertet werden, solange keine zu starken Veränderungen durch Nachbehandlung mit Fixierungsmitteln usw. erfolgt sind. Weitere derartige Befunde stammen von Ellinger und Hirt (1929), Haitinger (1959) und anderen Autoren.

De Lerma (1958) stellt die Ergebnisse dieser Untersuchungen nach Geweben und Organen geordnet zusammen. Einige organische Verbindungen wie Vitamin A, Thiochrom, Riboflavin, Porphyrin sowie verschiedene Pterinverbindungen können mit dieser Methode direkt in Zellen und Geweben nachgewiesen werden. Eine ausführliche Darstellung der Fluoreszenzerscheinungen organischer Verbindungen von biologischer Bedeutung sowie Angaben über die einschlägige Literatur finden sich bei Udenfried (1962).

Zur qualitativen und quantitativen Auswertung der Fluoreszenzerscheinungen in Geweben sowie geeigneter Modellsubstanzen wurden spektrographische Methoden modifiziert; diese als Fluoreszenzspektrographie bezeichnete Methode erlaubt durch den Vergleich des Fluoreszenzspektrums der untersuchten Gewebestruktur mit dem Fluoreszenzspektrum bekannter chemischer Verbindungen eine Aussage über die chemische Natur der untersuchten Einlagerungen (de Lerma 1940, 1942); erstmals wiesen Borst und Königsdörffer (1929) Porphyrin im Gewebe mit fluoreszenzspektrographischen Methoden nach. Diese spektrochemische Analyse ist deshalb wichtig, weil das von bestimmten Gewebestrukturen emittierte Fluoreszenzlicht nur in wenigen Fällen so spezifisch ist, daß die unmittelbare Betrachtung allein einen sicheren Schluß über die Natur der fluoreszierenden Substanz ermöglichen würde. Eine genaue Beschreibung der Einrichtungen für die Aufnahme und die Auswertung sowie eine Erklärung der theoretischen Grundlagen der Fluoreszenzhistospektrophotometrie gibt de Lerma (1958).

Stoffe mit Primär- oder Eigenfluoreszenz sind verschieden lokalisiert. Der Großteil liegt intrazellulär; so zeigt das Cytoplasma überlebender Zellen eine diffuse, schwach bläuliche Fluoreszenz, die von Sjöstrand (1945) als „diffuse Fluoreszenz" bezeichnet wurde. Derartige Beobachtungen wurden auch von älteren Untersuchern beschrieben und von zahlreichen Nachuntersuchern bestätigt (Ellinger und Hirt 1929, Hirt 1939, Ellinger 1940, Hanzon und Holmgren 1949, Hanzon 1952, Grafflin und Mitarbeiter 1952,

1953, Peters 1955 und weitere). Hanzon (1952) lokalisiert in Leberzellen diese Fluoreszenzerscheinung in den Mitochondrien. Weder der Zellkern noch die übrigen Organellen besitzen eine nennenswerte Eigenfluoreszenz; diese ist vielmehr in meta- und paraplasmatischen Einschlüssen gelagert. Die Vielzahl von gelb bis gelbgrün fluoreszierenden Körnchen in den verschiedenen Organen und Geweben ist nur sehr schwer zu identifizieren. Ein Großteil davon wurde wegen seiner hohen UV-Empfindlichkeit für Vitamin A gehalten; derartige Einlagerungen finden sich besonders in der Leber (Querner 1935, Popper 1940, Popper und Greenberg 1941, Greenberg und Popper 1941), in der Nebenniere (Popper 1944, Casella und Reggiani 1949), in den Ovarien (Popper und Ragins 1941) und in der Retina (Jancso und Jancso 1936, Schairer und Patzelt 1941, Evans und Singer 1941, Popper und Greenberg 1941, Greenberg und Popper 1941). Vitamin B_1 (Thiamin) wurde als hellblau fluoreszierende Verbindung unter anderem in der Markscheide der Nerven (Hirt 1939, Muralt 1943, Sjöstrand 1946), in der Nebennierenrinde (Henkes 1947) und in der Niere (Ellinger, Hirt und Mitarbeiter 1939), Vitamin B_2 und Nikotinsäure beziehungsweise Nikotinsäureamid in der Nebennierenrinde (Wimmer 1939), der Leber (Hirt und Wimmer 1939), im Auge (Sjöstrand 1946), in verschiedenen embryonalen Geweben (Ferguson 1951, de Lerma 1952, Cigada-Leonardi 1955, Günder 1955) sowie in Insekten (Metcalf 1944) bestimmt. Diese Ergebnisse wurden jedoch, soweit sie nicht spektrographisch gesichert waren, vielfach wieder angezweifelt.

Besonders zahlreich sind fluoreszierende Pigmente, die dem Lipoidstoffwechsel entstammen; sie bilden sich durch Oxydation ungesättigter Fettsäuren (Gomori 1952, Lison 1953, Lillie 1954). Diese von gelbgrün bis braun fluoreszierenden Einlagerungen sind u. a. in der Herzmuskulatur (Bommer 1929, Hamperl 1934, Sjöstrand 1945, Jayne 1950), in Ganglienzellen (Altschul 1943, Sjöstrand 1945, Hyden und Lindstrom 1950, de Lerma und Ventra 1956) und in der Nebennierenrinde (Hamperl 1934) regelmäßig vorhanden; mit zunehmendem Alter und unter pathologischen Bedingungen nimmt ihre Menge zu; meist werden sie der Gruppe der Lipofuscine oder Abnützungspigmente zugerechnet. Ähnliche Einlagerungen finden sich auch in den Speicherzellen des Reticulo-Endothels der Milz (Sjöstrand 1945, Hamperl 1934); die chemische Natur dieser Stoffe scheint jedoch durchaus nicht einheitlich zu sein.

Weitere Eigenfluoreszenzen wurden in der Nebennierenrinde und in den Keimdrüsen als Steroidkörper analysiert. Obwohl die spektrale Verteilung der Fluoreszenz der äußeren Zonen der Nebennierenrinde (de Lerma und Bompiani 1952) keine sichere Unterscheidung gegen Vitamin A ermöglicht, so kann sie doch auf Grund zusätzlicher histochemischer Befunde in erster Linie auf Ketosteroide zurückgeführt werden. Auch die Fluoreszenz der in den Leydigschen Zellen des menschlichen Hodens auffällig gelb bis braungelb leuchtenden Körnchen (Bommer 1929, Hamperl 1934, Popper 1941, Sjöstrand 1945) unterscheidet sich nicht wesentlich von der Fluoreszenz der besprochenen Vitamine und Pigmente; erst durch Nachbehandlung mit Schwefelsäure konnte Burkl (1954) den Nachweis dafür erbringen, daß es sich dabei hauptsächlich um Testosteron handelt. Fluoreszenzerscheinungen in menschlichen und tierischen Ovarien (POLICARD 1924, HAMPERL 1934, RAGINS und POPPER 1942, DEMPSEY und BASSET 1943, ROCKENSCHAUB 1950, 1951, 1952, 1954, BURKL und KELLNER 1954, BOMPIANI 1954 und viele andere) wurden als die Summe der Eigenfluoreszenzen von Vitaminen, Lipoiden und Steroidhormonen analysiert; neben der direkten Bestimmung der Fluoreszenzspektren (BOMPIANI 1954) trug dazu die von BURKL und KELLNER (1954) eingeführte histochemische Bestimmung östrogener Hormone wesentlich bei.

Während Neutralfette in den gelben Fettgeweben keine nennenswerte Eigenfluoreszenz besitzen, leuchten braune Fettgewebe der Winterschläfer durch ihren Gehalt an ungesättigten höheren Fettsäuren in einem braungelben Farbton (persönliche Mitteilung von A. PISCHINGER).

Der Nachweis von Eigenfluoreszenzen im Cytoplasma lebender Zellen stellt also meist nur einen Hinweis auf Verbindungen mit einer bestimmten chemischen Struktur dar; die Labilität dieser Leuchterscheinungen unter verschiedenen Versuchsbedingungen (DE LERMA 1958) kann dabei die Identifizierung bestimmter Stoffe erleichtern; in den meisten Fällen ist es jedoch unmöglich, mit der Fluoreszenzuntersuchung allein Sicheres auszusagen. Eine umfassende Darstellung dieser Materie mit besonderer Berücksichtigung histochemischer Probleme gibt DE LERMA (1958). Zahlreiche weitere Literaturangaben bringen PRICE und SCHWARTZ (1956).

Der Großteil der primären Fluoreszenzerscheinungen liegt — wie schon erwähnt — intrazellulär. Im Interstitium sind es besonders kollagene und elastische Fasern, die bei UV-Bestrahlung blaßblau aufleuchten; die Leuchtintensität der elastischen Fasern ist in der Regel größer als die der kollagenen und der ähnlich fluoreszierenden Gitterfasern. Auch in der Grundsubstanz des Knorpels sind gleichartige, diffuse Leuchterscheinungen feststellbar.

Beim Absterben der Zellen kommt es häufig zu Veränderungen der Eigenfluoreszenz, in der Regel eher zu einer Intensivierung. Es hat daher nicht an Versuchen gefehlt, die fluoreszierenden Stoffe unverändert in der Zelle zu konservieren. Neben der Gefriertrocknung (NEUMANN 1958) wurde dazu vor allem die Formolfixierung verwendet (HAMPERL 1934, SJÖSTRAND 1945). Längere Formolfixierung verändert jedoch durch Einlagerung fluoreszierender Formolpolymerisate den nativen Zustand wesentlich (STOCKINGER 1951).

B. Sekundäre Fluoreszenzerscheinungen — Vitalfluorochromierung

Die Vitalfluorochromierung tierischer Zellen ist ebenfalls eine relativ junge Untersuchungsmethode. Die Veranlassung für die Experimente in dieser Richtung liegt, wie schon eingangs ausgeführt, vor allem in dem Umstand, daß es möglich ist, fluoreszierende Farbstoffe (Fluorochrome) schon in wesentlich geringerer Konzentration als Diachrome nachzuweisen. Obwohl eine große Zahl von Untersuchungen im Laufe der letzten 30 Jahre mit dieser Technik z. T. sehr begeistert durchgeführt wurde, hat die Methode durch die Schwierigkeiten, die vor allem in der Objektivierung der

Ergebnisse liegen, seitdem wieder etwas von ihrer Verbreitung eingebüßt
und ist in keinem der zunächst propagierten Gebiete zu einer Routine-
methode geworden. Entkleidet von übertriebenen Hoffnungen ist sie nun-
mehr das, was jede wissenschaftliche Methode sein sollte: eines der
Hilfsmittel, mit dem andere Befunde ergänzt oder bestätigt werden
können.

Die ersten Vitalfluorochromierungsversuche haben Ellinger und Hirt
(1929, 1931), Hirt (1934, 1936, 1939) sowie Hirt und Mitarbeiter (1939) mit
Trypaflavin und Fluorescein zum Studium der Ausscheidungsmechanismen
von Leber und Niere angestellt. Auch Hartoch (1931), Franke und Sylla
(1934), Frank und Lachnit (1952), Gottschewski und Haase (1953), Hanzon
(1952) und Kulpe (1955) versuchten mit dieser Technik die Aufklärung
intakter und gestörter Funktionen dieser Organe. Während saure Fluorochrome hauptsächlich für Ausscheidungsversuche verwendet wurden, hoffte
man, mit basischen Vitalfluorochromen eine distinkte Darstellung bestimmter Zellstrukturen und darüber hinaus auch Anhaltspunkte über den physiologischen Zustand und die chemische Konstitution dieser Zellbausteine
zu gewinnen. Die Einführung des Fluorochroms Acridinorange (Bukatsch
und Hattinger 1940, Strugger 1940), das von Bender 1889 synthetisiert
wurde, brachte wesentliche Fortschritte in dieser Richtung. Strugger (1949)
hat die auffälligen färberischen Eigenschaften dieses Fluorochroms sowie
sein physikochemisches Verhalten besonders eingehend studiert und es
als „polychromes Fluorochrom" bezeichnet. Bei der Vitalfärbung pflanzlicher Zellen, Hefezellen und Bakterien, aber auch tierischer Zellen (Spermien), wies Strugger (1940, 1941) nach, daß das Protoplasma lebender
Zellen nur blaßgrün bis grüngelb, das toter Zellen dagegen diffus rot
fluoresziert. Diese zunächst etwas zu allgemein formulierte Behauptung
konnte nur bei Einhaltung ganz bestimmter Farbstoffkonzentrationen und
exakter Versuchsbedingungen aufrecht erhalten werden. Diese Nachunter-
suchungen und Korrekturen wurden notwendig, da Stockinger (1949) fand,
daß bei erhöhtem Farbstoffangebot auch rot fluoreszierende Spermien noch
volle Beweglichkeit besitzen, während anderseits durch Formoldämpfe
abgetötete Zellen noch grün-grüngelb fluoreszieren. Zu ähnlichen Ergebnissen kamen auch Bishop und Smiles (1957). Vinegar (1956) verwendete
ebenfalls die Methode der Acridinorangefluorochromierung zur Unterscheidung lebender und toter Ascites-Tumorzellen; während diese Technik
bei Abtötung der Zellen durch Säuren, Basen, Alkohol, Diphenylamin-
Diazonium-Bromid, aerober Autolyse und Ultrabeschallung brauchbare Ergebnisse lieferte, verursachten Schädigungen durch Röntgenstrahlen, Senf-
gas- und Bromid-Ionen nicht die für die Zellschädigung beziehungsweise
den Zelltod „spezifische" Rotfluoreszenz. May (1948) kam bei der Fluorochromierung von Bakterien, Bogen und Elste (1955) bei Hefezellen, Wittekind (1958) bei Ascites-Tumorzellen, Donath und Lengyel (1961) an Vagi-
nalepithelien zu analogen Befunden. Die Vitalfärbung von Trypanosomen
mit Acridinorange (Wagner 1949) stellt ebenfalls differente, rot fluoreszierende Strukturen unabhängig vom Lebenszustand dar. Auch Schümmelfeder (1948, 1949, 1950) betont, daß nur bei bestimmten Zellen unter Ein-

haltung entsprechender Versuchsbedingungen Aussagen über den Lebenszustand möglich sind.

Diese und ähnliche Beobachtungen an lebenden und abgestorbenen Zellen regten zur Untersuchung der Ursachen der „metachromatischen" Rotfluoreszenz des Acridinorange an. STRUGGER (1941, 1949) konnte zunächst
feststellen, daß die Konzentration der Farbstofflösung ein wesentlicher
Faktor für die Farbqualität des gefärbten Substrates bzw. der Farblösung
ist: Bei Konzentrationen über 10^{-2} tritt ziegelrote Fluoreszenz auf. Auch
DANGL (1950, 1951) kommt bei der Untersuchung reiner Farbstofflösungen
zu gleichen Schlußfolgerungen. Die von der stofflichen Natur und vom
Lebenszustand des Substrates an sich unabhängige Rotfärbung zeigt also
zunächst nur eine entsprechend hohe Farbstoffkonzentration an und wurde
von STRUGGER als „Konzentrationseffekt" bezeichnet. ZANKER (1952 a, b), der
sich eingehend mit der Metachromasie verschiedener Farbstoffe, so auch des
Acridinorange, befaßt hat, ist der Ansicht, daß neben anderen Faktoren
die Dichte der negativen Ladungen des Substrates zur Bildung reversibler,
polymerer Ionenassoziate führt und damit für diesen Effekt verantwortlich
ist; er hat auch auf die Bedeutung von Verunreinigungen hingewiesen.
Beim Absterbevorgang kommt es nach schweren Permeabilitätsstörungen zu
Entmischungs- und Abbauvorgängen und damit zur Freisetzung saurer
Gruppen, die den Farbstoff stark anreichern und zur diffusen metachromatischen Rotfluoreszenz führen.

Doch auch in lebenden, intakten Zellen treten bei Behandlung mit stark
verdünnten Acridinorangelösungen (10^{-5} bis 10^{-6} g/ml) rot fluoreszierende
Granula in wechselnder Menge auf; so konnten ZEIGER, HARDERS und MÜL-
LER (1951), ZEIGER und HARDERS (1952) in Ganglienzellen, Nervenfasern und
Hüllzellen, WEISSMANN (1953) sowie ZEIGER und SCHMIDT (1957) in Epithel-
zellen von Amphibienlarven, WEISSMANN und GILGEN (1956), WITTEKIND und
VOLCKER (1957) sowie WITTEKIND (1958, 1959, 1960) in Ascites-Tumor- und
Ergußzellen, BISHOP und AUSTIN (1957) in tierischen Spermien, STOCKINGER
(1952, 1958) in Gewebekulturen, EICKHOFF und SCHÜMMELFEDER (1956) in der
Rattenschilddrüse ähnliche Bilder erhalten. ZEIGER und SCHMIDT (1957)
wiederholten zur Prüfung der chemischen Natur dieser intrazellulären
Stoffablagerungen die Versuche WEISSMANNS (1953) an Epidermiszellen von
Amphibienlarven. Mit verschiedenen histochemischen Methoden erbrachten
sie den Nachweis, daß in den metachromatisch fluoreszierenden Ablagerungen beträchtliche Mengen von Nukleinsäuren enthalten sind; diese Möglichkeit wurde bereits früher von GÖSSNER (1949) sowie ZEIGER und Mitarbeitern (1951, 1954) diskutiert. ZEIGER und SCHMIDT konnten überdies
nachweisen, daß die Zahl und Größe der Granula von der Farbstoffkonzentration und besonders von der Färbedauer abhängen. Diese Befunde und
außerdem die Versuche von WEISSMANN und GILGEN (1956) waren der Beweis
dafür, daß es sich um eine Analogie zu Vorgängen handelt, die in der
Neutralrotcytologie von CHLOPIN (1927) sowie von KEDROWSKI (1934, 1941)
dargestellt wurden. Zellen mit einem hohen Ribonukleinsäuregehalt, wie
Ascites-Tumorzellen (WITTEKIND 1958, 1959, VINEGAR 1956) sowie Krebs-
zellen in Vaginalausstrichen (BERTALANFFY und BICKIS 1956, BERTALANFFY,

Masin und Masin 1956, Bertalanffy 1959) sollen damit auf Grund ihrer wesentlich intensiveren metachromatischen Färbung von gesunden Zellen unterschieden werden können. Die Farbstoffaufnahme von Zellen des Mäuseascitescarcinoms, das heißt sowohl der Tumorzellen als auch der Histiocyten, wird von der unterschiedlichen Struktur deutlich beeinflußt: In den Tumorzellen entstehen aus dem zunächst homogenen Plasma Koazervate, in den Histiocyten dagegen wird der Farbstoff sehr rasch in präformierten, stark lichtbrechenden Tropfen, die eine beträchtliche Größe erreichen, angehäuft (Wittekind 1958).

Auch die Unterscheidung zwischen desoxyribonukleinsäure-(DNS)- und ribonukleinsäure-(RNS)-haltigen Substanzen soll mit Hilfe der Vitalfluorochromierung mit Acridinorange möglich sein; während vitale Zellkerne nur eine schwache Grünfluoreszenz annehmen, leuchten Chromosomen wesentlich stärker grün, Nukleolen und Cytoplasmagranula dagegen bei gleicher Farbstoffkonzentration und Färbedauer gelborange bis ziegelrot (Armstrong 1956, Austin und Bishop 1959). Schümmelfeder und Mitarbeiter (1957) gelang der Nachweis, daß niedrigpolymere Nukleinsäuren — wie RNS — in der Zelle eine Rotfluoreszenz, hochpolymere — wie DNS — dagegen Grünfluoreszenz verursachen; niedrigpolymere DNS gibt ebenfalls Rotfluoreszenz. Demnach ist also nicht nur die stoffliche Natur des Substrates, sondern auch dessen Polymerisationsgrad für das Auftreten metachromatischer Fluoreszenzfarben verantwortlich. Die bei der Depolymerisation freiwerdenden Gruppen binden dabei zusätzliche Farbstoffmoleküle. Loeser, West und Schönberg führten vergleichende Absorptions- und Fluoreszenzuntersuchungen an Nukleinsäure-Farbstoffkomplexen durch. Donath und Lengyel (1961) bewiesen ebenfalls mit enzymatischen Abbauversuchen die Beteiligung der Nukleinsäuren an der Bindung des Acridinorange.

Bei der Vitalfluorochromierung interstitiellen Bindegewebes, des Omentum oder subcutanen Bindegewebes mit stark verdünnten isotonen Acridinorangelösungen (0,05 % in Ringer) kommt es besonders perivaskulär zur Darstellung hellrot aufleuchtender Zellen, deren Zahl sich im Laufe des Versuches vermehrt und deren Strahlungsintensität zunimmt (Stockinger 1949, 1958, Zeiger 1952, Eickhoff und Schümmelfeder 1956). Diese bereits von Ellinger und Hirt (1929) mit Trypaflavin hervorgehobenen Zellen konnten einwandfrei als Mastzellen identifiziert werden. Die metachromatisch fluoreszierenden Granula sind bereits primär in den Zellen vorhanden und reichern durch ihre negativen Ladungen basische (positive) Farbstoffe an. Auch in den verzweigten Bindegewebszellen und sogar extrazellulär in der Grundsubstanz kann man einzelne derartige Granula finden. Saure Mucopolysaccharide, wie Heparin, aber auch epitheliales Mucin (Stockinger 1949), konzentrieren auf derselben Basis den Farbstoff beträchtlich (Gössner 1949, Schümmelfeder 1956).

Diese polysaccharidhaltigen Granula weisen bei Blaulicht und UV-Bestrahlung eine wesentlich größere Beständigkeit auf als fluorochromierte Speicherprodukte bzw. die durch Segregation RNS-haltiger Plasmakomponenten entstandenen Granula (Eichner 1959).

Die Vitalfluorochromierung von Gewebekulturen (STOCKINGER 1952, 1958, HILL, BENSCH und KING 1960, EICHNER 1962) mit Acridinorange bringt ebenfalls verschiedene Zellkomponenten polychrom zur Darstellung: das Plasma der Zellen erscheint in einer ganz blassen Grünfluoreszenz, die Zellkerne leuchten etwas heller gelb; daneben werden feinere und gröbere, kupferrot fluoreszierende Granula besonders in der Umgebung des Zellkerns sichtbar. Während in jungen, gut wachsenden Kulturen die Zellen nur wenige derartige Granula enthalten, finden sich in alten, granuliert bzw. degeneriert erscheinenden Zellen zahlreiche rote Granula verschiedener Größe (Abb. 15 a). Besonders intensive Rotfluoreszenz zeigen die Einschlüsse verschiedener Makrophagen. JACKSON (1955) hat diese mit den Neutralrotgranula identischen Strukturen näher untersucht und festgestellt, daß sie sich — neben ihrer Färbbarkeit mit Neutralrot und Gentianaviolett — mit OsO_4 schwärzen und daß sie verschiedene Dichte besitzen sowie saure Mucopolysaccharide, Protein und alkalische Phosphatase enthalten. EICHNER (1962) beschreibt die Kultur mit Akridinorange vitalgefärbter Gewebsfragmente embryonaler Hühnerherzen; seine cytochemischen Vergleichsuntersuchungen bestätigten die Ergebnisse JACKSONS und zeigten darüber hinaus, daß die primär vitalgefärbten Granula mit den Cytosomen identisch sind und daß für die Farbstoffbindung primär die Phosphorlipoidkomponente dieser Granula verantwortlich ist. Auch die Untersuchungen von WENDT (1961) zeigen die bevorzugte Speicherung von Vitalfarbstoffen in den Cytosomen. Die elektronenmikroskopisch faßbaren Strukturen solcher Acridinorange-Granula sind auf S. 38 ff. ausführlich behandelt. Sie unterscheiden sich qualitativ nicht wesentlich von granulären Einschlüssen unbehandelter, überalterter oder degenerierter Kulturen. Weiter sind sie in Bezug auf das Aussehen den von SCHMIDT (1961, 1962) elektronenmikroskopisch dargestellten Speichergranula in Epidermiszellen von Triton und anderen Untersuchungsobjekten ähnlich.

Zur Unterscheidung zwischen den primär in der Zelle vorhandenen Speicherstoffen — wie Mastzellengranula und verschiedenen Degenerationsprodukten — und neugebildeten Granula oder Vakuolen bzw. in präformierten Räumen angereichertem Farbstoff stehen nur wenige Kriterien zur Verfügung. Die vorher schon erwähnte Stabilität im UV-Licht ist ein Hinweis auf die stoffliche Natur des Substrates; die Möglichkeit, durch Zellgifte wie Kaliumcyanid, Natriumfluorid, Monojodessigsäure und Quecksilberverbindungen die Bildung dieser Granula zu hemmen (EICHNER 1959) oder durch Zusatz energiereicher Verbindungen das Farbstoffbindungsvermögen zu steigern (WEISSMANN und GILGEN 1956), beweist nur, daß ein Teil dieser Bildungen das Ergebnis einer Fermenttätigkeit der lebenden Zellen ist; über den Chemismus der mit den eingebrachten Farbstoffen abgeschiedenen Stoffe können nur beschränkte Angaben gemacht werden (EICHNER 1962).

Über eine besondere Art der Acridinorangespeicherung in vitalen Ergußzellen hat WITTEKIND (1958, 1960) umfangreiche Untersuchungen durchgeführt. Sowohl in tumorverdächtigen Zellen als auch in Makrophagen aus Pleura- und Peritonealergüssen treten im Cytoplasma unter supravitalen Bedingungen verschieden große, flüssigkeitsgefüllte Vakuolen

auf, die bei Fluorochromierung mit Acridinorange eine intensive Rotfluoreszenz zeigen. Wittekind (1960) betont ausdrücklich, daß es sich nach
seiner und der Meinung zahlreicher anderer Untersucher um schwer geschädigte Zellen handelt, bei denen dieses Phänomen sichtbar wird. Die
Fluoreszenz tritt dabei sehr rasch nach dem Zusatz der Farbstofflösung auf.
Über den Inhalt der Vakuolen liegen keine eindeutigen Angaben vor, doch
scheint es sich um niedermolekulare, saure Verbindungen wechselnder Zusammensetzung zu handeln, die, durch eine aktive Zelleistung in den
Vakuolen abgeschieden, den Farbstoff binden. Beim Absterben der Zellen
oder bei ungenügender Energieversorgung kommt es zum Erlöschen der
Membranfunktion der Vakuolenwand und damit zur diffusen Verteilung
der nicht fixierbaren Inhaltsstoffe.

Die Vitalfluorochromierung von Blutzellen für klinische Untersuchungen
wurde von Vertretern der Wiener Schule eingeführt. Sie schafften zunächst
durch die Einführung einer UV-reicheren Lichtquelle die Voraussetzung
für die Arbeit mit stärkeren Vergrößerungen (Fellinger und Schmidt 1948).
In einer Reihe von Beiträgen stellten Fellinger und Pakesch (1948),
Leonhartsberger und Pakesch (1950, 1951), Braunsteiner, Grabner und
Pakesch (1952) besonders unter Verwendung des Fluorochroms „Acridinorange" verschiedene Eigenschaften der Blutzellen dar: Ihre Beweglichkeit.
ihre granulären Einschlüsse usw.; in weißen Blutzellen von lymphatischer
Leukämie herrscht die grüne Fluoreszenzfarbe vor, während bei akuten
myeloischen Leukämien die Zellkerne alle Nuancen von zartem Grün über
Gelb bis zu intensivem Orange zeigen. Auch das Plasma dieser Zellen ist
fast überall orangerot gefärbt. Die Unterscheidung zwischen leukotischen
Lymphocyten und Mikromyelocyten soll mit dieser Methode leichter ge-
lingen als mit den gebräuchlichen Färbungen. Kosenow (1952, 1956) benützt
fluoreszenzmikroskopische Zählmethoden für laufende Untersuchungen bei
Experimenten, wenn dabei auch die quantitativen Verhältnisse der Leukocyten überprüft werden sollen. Mit Hilfe des Acridinorange gelingt es dabei, neben der Gesamtleukocytenzahl in der Zählkammer zwei Leukocyten-
gruppen — nämlich Granulocyten und Mononukleäre — durch die Rotfluoreszenz der granulären Einlagerungen der ersteren Zellart einwandfrei zu unterscheiden. Kosenow und Schellong (1958) verfolgten mit dieser
Methode ACTH-bedingte Verschiebungen der Leukocytenverteilung bei
Kindern. Die von Leonhartsberger und Pakesch (1951) angegebene Differenzierungsmöglichkeit der akuten Leukose wird von Kosenow (1956) bei
Kindern allerdings bezweifelt. Plasmocytomzellen sollen nach Contier
(1957) als einzige Zellen des Sternalmarks nach Vitalfluorochromierung mit
Acridinorange grüne Granula enthalten, die als Paraproteine gedeutet
werden. Jackson (1961) führte mit Acridinorange supravitale Blutstudien
durch; er sieht den besonderen Wert der Methode in der besseren Unter-
scheidbarkeit kernhaltiger Blutzellen von Reticulocyten und Erythrocyten-
einschlüssen sowie in der Differenzierungsmöglichkeit abnormaler Zell-
elemente. Yamashita (1958) studierte mit derselben Methode Exsudatzellen
von Entzündungsherden und konnte auch an diesem Material Lymphocyten und Monocyten einwandfrei unterscheiden.

HANSEN (1956) markierte bei Katzen aus dem Ductus thoracicus gewonnene Lymphocyten mit Acridinorange und reinjizierte diese Zellen; die wichtigsten Ergebnisse dieser Versuche waren:

a) In isolierten Lymphknoten werden die mit dem Lymphstrom herangebrachten markierten Zellen abgefiltert;

b) im peripheren Blut sind diese Zellen nur maximal 90 Minuten nachweisbar;

c) das Hauptfilter für die Elimination stellt die Lunge dar.

Ein verbindlicher Schluß auf das physiologische Geschehen ist jedoch nicht möglich, da die Vorbehandlung der Zellen dazu führen könnte, daß sie vom Organismus als Fremdkörper behandelt werden.

Im Vergleich zu der großen Zahl von Arbeiten, die über die vielseitige Verwendung von Acridinorange berichten, sind die Mitteilungen über andere Fluorochrome nur spärlich. HIRT und Mitarbeiter (1939) konnten mit Trypaflavin, das sie schon früher zu Ausscheidungsversuchen verwendet hatten, ähnliche Befunde erzielen, wie sie später mit Acridinorange beschrieben wurden. PICK (1935) prüfte eine Reihe von Fluoreszenzfarbstoffen auf ihre Brauchbarkeit im Vitalfärbungsexperiment. DE BRUYN und Mitarbeiter (1950, 1953, 1954, 1959) beschäftigten sich besonders mit den Reaktionen zwischen Nukleinsäuren und Acridinfarbstoffen, die Aminogruppen in besonderen Stellungen enthalten. Auch andere Fluorochrome der Acridingruppe, wie Acridingelb (METCALF und PATTON 1944) und Rheonin A (PICK 1935), fanden für Vitalfärbungsstudien Verwendung. BISHOP und SMILES (1957) ziehen Primulin, eventuell in Kombination mit Rhodamin 6 G, zur Unterscheidung lebender von toten Spermien dem Acridinorange vor.

Die Prüfung der Toxizität von Vitalfluorochromen bringt je nach Versuchstier und Versuchsbedingungen verschiedene Werte. WIEDE und MEYER (1955) untersuchten eine Reihe von Fluorochromen durch intraperitoneale Verabreichung an weiße Mäuse und stellten neben der Ermittlung der mittleren letalen Dosis (LD 50) fest, daß Fluorescein-Natrium und Nilblausulfat sogenannte „Frühgifte", Neutralrot, Acridinorange und Trypaflavin „Stoffe mit Spättoxizität" sind. ZEIGER (1958) prüfte verschiedene Handelsmarken von Acridinorange und fand, daß chromatographisch gereinigter Farbstoff besonders toxisch ist: er führt dies auf den Wegfall unterschiedlicher Mengen ungiftiger Begleitstoffe zurück. Auf Grund der Menge der bei Intoxikation mit Acridinorange auftretenden Stoffablagerungen in der Leber (ZEIGER und SCHMIDT 1957) ist die Beurteilung der Funktionslage der Leber möglich (ZEIGER und WIEDE 1954, ZEIGER 1956). HILL, BENSCH und KING (1960) referieren im Zusammenhang mit Berichten über photodynamische Wirkungen des Acridinorange über Effekte von Acridinfarbstoffen auf lebende Systeme: z. B. die Hemmung der Virusbildung bei unbehinderter Produktion nicht infektiöser Virusvorstufen, die Hemmung der Bildung adaptiver Enzyme, Mitosehemmungen an Leberregeneraten usw.

Einige Fluorochrome der Acridinreihe, wie Rivanol und Atebrin, wurden wegen ihrer besonderen Affinität zu Bakteriennukleinsäuren als Desinfektionsmittel bzw. als Medikamente verwendet. Trypaflavin blockiert durch seine Reaktion mit Nukleinsäurebausteinen vor allem Zellteilungsvorgänge (Lettré 1946, 1950, Stich 1952). Diese cytostatische Wirkung führte zur Verwendung als Krebstherapeutikum. Froschsperma wird durch Trypaflavin- und Toluidinbehandlung derart angegriffen, daß ein mit diesen Spermien befruchtetes Ei sich wohl entwickelt, jedoch nur den mütterlichen Chromosomensatz enthält (Briggs 1952).

Die relativ geringe Toxizität der Vitalfluorochrome kann durch Belichtung bzw. UV-Bestrahlung bedeutend gesteigert werden. Schon 1899 hatten Tappeiner und Jodlbauer gezeigt, daß Paramäcien in fluoreszierenden Farblösungen im Dunkeln normal gedeihen, während sie in kürzester Zeit absterben, wenn sie in diffuses Tageslicht gebracht werden. Sie nannten diesen Effekt „photodynamische Wirkung" und grenzten ihn gegen die eigentliche Farbstoffwirkung — die Toxizität also — ab, die bei Dunkelheit und Licht gleichartig ist. Politzer (1924) versuchte die von Tappeiner und Jodlbauer gefundene photodynamische Wirkung des Neutralrots gegen dessen Toxizität abzugrenzen; er konnte nachweisen, daß auch in voller Dunkelheit Zellteilungsstörungen in der Hornhaut von Salamanderlarven auftreten; die Wiederholung der Versuche (Politzer 1953) nach einer Kritik Drebingers (1951) brachte im wesentlichen gleiche Ergebnisse. Während bei Neutralrot die Differenz zwischen der toxischen einerseits und anderseits der photodynamischen (eigentlich toxischen + photodynamischen) Wirkung gering ist, zeigt die gleiche Versuchsanordnung mit Acridinorange eine beträchtliche Steigerung der Schädigungszeichen an den Versuchstieren. Ähnliche Ergebnisse brachten informative Versuche mit Kaulquappen (Stockinger 1952), während bei Mäusen zusätzliche Belichtung auch bei starker Allgemeinfärbung praktisch wirkungslos blieb, da durch den Schutz des Haarkleides und der Verhornung keine direkte Zellbestrahlung zustande kommt. Die Zellen verschiedener Ascitestumorstämme verlieren nach Vitalfärbung mit Acridinorange die Fähigkeit, Tumoren zu erzeugen (Vinegar 1958), während unbestrahlte Zellen mit und ohne Vitalfärbung regelmäßig angehen. Auch an Gewebekulturen läßt sich dieser photodynamische Effekt sicher reproduzieren (Stockinger 1959). Sowohl Deckglaskulturen von Fibroblasten des Extremitätenmesenchyms und des Herzens embryonaler Hühnchen als auch Flaschenkulturen von HeLa-Carcinom und Amnionzellen wurden zu diesem Zweck nach Acridinorange-fluorochromierung qualitativ und z. T. auch quantitativ ausgewertet. Das auffälligste Ergebnis dieser Versuche war, daß Tageslicht- und vor allem direkte Sonnenbestrahlung weitaus intensivere Schädigungen verursachten als Bestrahlungen mit UV-reichen Lichtquellen, wie Analysenlampen und Entkeimungslampen. Obwohl bei diesen orientierenden Versuchen die exakte Analyse der zur Bestrahlung verwendeten Lichtquellen nicht möglich war, ist anzunehmen, daß Teile des sichtbaren Spektrums wesentlich photodynamischer sind als das zur Fluoreszenzerzeugung verwendete kurzwellige Licht.

Bei der Untersuchung älterer, mit Acridinorange vital-fluorochromierter Gewebekulturen wird der während der UV-Bestrahlung auftretende

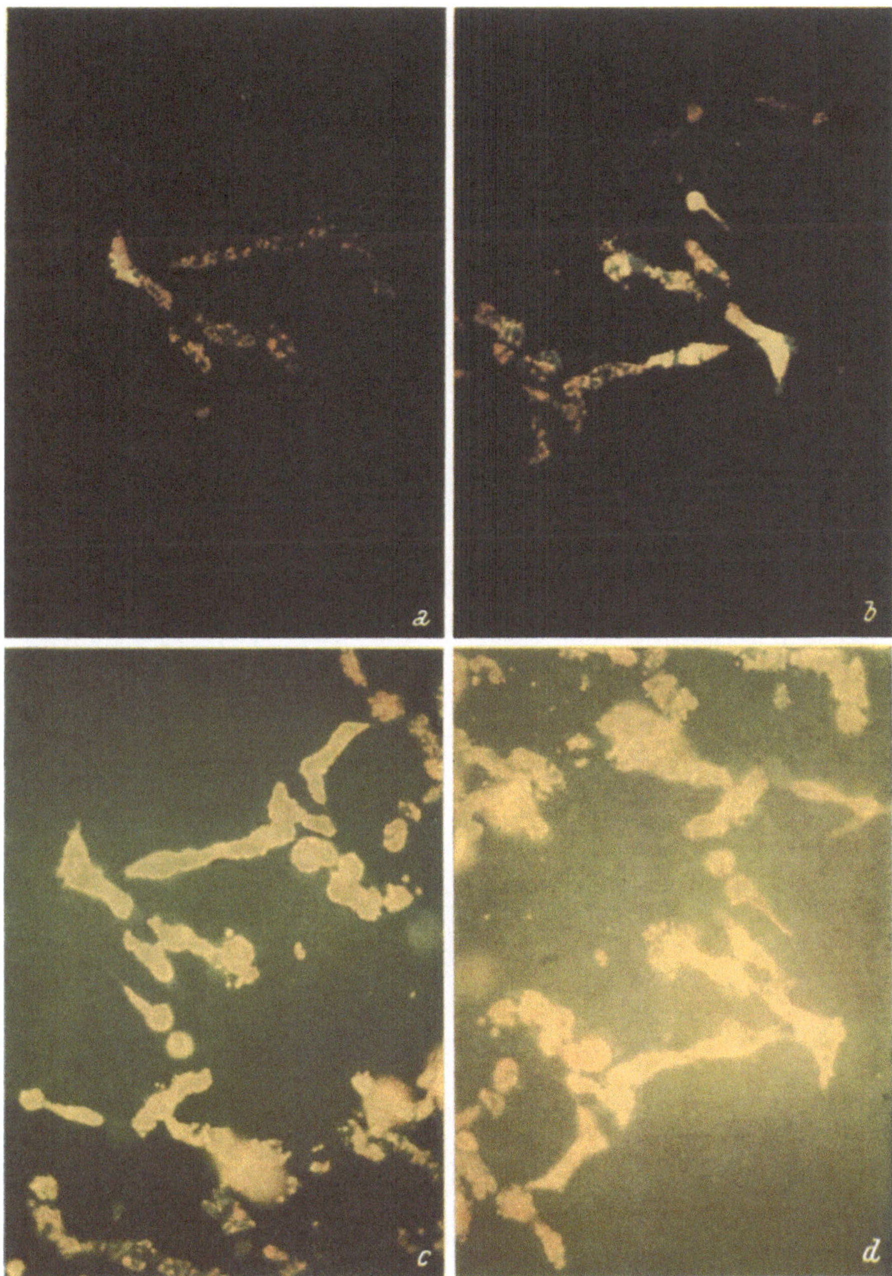

Abb. 15 *a—d*. Deckglaskultur — embr. Hühnchenherz, 72 Stdn. alte Kultur. Acridinorange fluorochromiert (10^{-6}g/ml, 3 Stdn.). *a*) sofort (Leuchtfeldblende fast ganz geschlossen). Nur im Zentrum fluoreszieren in den stark granulierten Zellen verschieden große Einschlüsse kupferrot, die Zellkerne ganz zart gelbgrün; *b*) nach kurzer UV-Bestrahlung — zirka 3 min — (Leuchtfeldblende weiter geöffnet). In den zentralen Zellen kommt es zu einer diffusen Ausbreitung des Fluorochroms; *c*) nach zirka 6 min sind (bei geöffneter Leuchtfeldblende) nur noch in den ganz außen liegenden Zellen getrennte Granula zu unterscheiden; *d*) nach zirka 10 min UV-Bestrahlung tritt das Fluorochrom aus den abgestorbenen Zellen aus. 500 ×.

Springer-Verlag in Wien   Druck: A. Holzhausens Nfg., Wien

photodynamische Effekt besonders deutlich. In der Abb. 15 a ist nur ein kleines Areal der Kultur ausgeblendet und bestrahlt, nach 3 min wurde die bestrahlte Fläche vergrößert. Die Abb. 15 b zeigt daher im Zentrum durch die Bestrahlung geschädigte Zellen, in denen sich das Fluorochrom nach Zerstörung der Granula diffus ausgebreitet hat. Nach weiteren 3 min (Abb. 15 c) sind weitere Zellen tot, und der vorher granulär gebundene Farbstoff hat sich diffus ausgebreitet. Nach 10 min schließlich sind alle Zellen irreversibel geschädigt und die diffuse Ausbreitung des Farbstoffes hat weiter zugenommen (Abb. 15 d).

RUHLAND (1955) kommt bei der Analyse der photodynamischen Wirkung an Froschsamen, die mit Trypaflavin und Methylenblau behandelt waren, zu dem Ergebnis, daß der Grad der Schädigung einerseits von den Wellenlängen des bestrahlenden Lichtes und anderseits vom Absorptionsmaximum des bestrahlten Substrates abhängt.

VAN DUIJN (1960, 1961, 1962) konnte mit photoelektrischen Methoden die quantitativen Beziehungen zwischen der toxischen, der photodynamischen und der reinen Lichtwirkung registrieren; bei einer großen Zahl von Farbstoffen, wie Acridinorange, Coriphosphin, Diazingrün (Janusgrün), Methylgrün, Rhodamin B, Primulin und Toluidinblau, fand er eine deutliche photodynamische Wirkungskomponente, die in unterschiedlichem Ausmaß Schädigungen der Motilität von Rinderspermien verursacht. Unabhängig von ihrer verschiedenen Ladung und chemischen Konstitution sowie ihren verschiedenen Angriffspunkten in der Zelle zeigen Acridinorange und Toluidinblau die stärkste photosensibilisierende Wirkung, die geringste dagegen Rhodamin B und Primulin.

Der Wirkungsmechanismus einer photodynamischen Schädigung muß von dem der primären Toxizität unterschieden werden. Alle Fluoreszenzerscheinungen sind Folgen komplizierter energetischer Prozesse; nur ein Teil der eingestrahlten, absorbierten Energie erscheint als Fluoreszenz, während der Rest in Wärme, chemische Reaktionen usw. umgesetzt wird (DE LERMA 1958). Ähnliche Prozesse liegen allen Strahlenwirkungen zugrunde. Die Unterschiede hängen hauptsächlich von der Art der absorbierenden Substanzen ab. Bei den photochemischen Reaktionen sollen in Gegenwart von Sauerstoff Peroxyde entstehen, die bestimmte Fermentreaktionen blockieren und so den Stoffwechsel der Zellen schwer schädigen. Sauerstoffmangel und verschiedene, meist reduzierende Strahlenschutzstoffe können schädliche Wirkungen von ultraviolettem Licht und Röntgenstrahlen hemmen bzw. verhindern (ERDMANN 1954, MEYER 1957). Es wäre sehr interessant zu untersuchen, ob auch photodynamische Schädigungen, die durch Fluoreszenzfarbstoffe ausgelöst werden, von derartigen Schutzstoffen beeinflußt werden können.

HILL, BENSCH und KING (1960) behandelten Gewebekulturen mit Acridinorange in der Absicht, die photodynamische Wirkung aufzuklären. Sie bestrahlten dazu L-Strain-Fibroblasten in Anwesenheit von 1×10^{-7} M Acridinorange 20 min mit einem Kleinbildprojektor (500 W). Das Ergebnis dieses Versuches, das sich morphologisch mit den Untersuchungen von STOCKINGER (1952, 1958) deckt, ist ein plötzlicher Stillstand des Zellteilungsgeschehens sowie der Protein- und DNA-Synthese, der 2—3 Tage dauert und von dem sich die Zellen nur sehr langsam erholen. Interessanterweise tritt der gleiche Effekt auch dann auf, wenn die Zellen im acridinorange-freien Medium bestrahlt und anschließend sofort in ein farbstoffhältiges Medium eingebracht werden. Genaue Angaben über das Wesen des metabolischen oder chemischen Defektes bestrahlter Zellen konnten jedoch bisher nicht erbracht werden.

Die chemische Konstitution der Farbstoffe, die photodynamische Wirkungen auslösen, ist ganz unterschiedlich; Erythrosin, Rose bengale, Pyronin, Fluorescein, Neutralrot, Brillantsulfoflavin BB, Illuminol und Hämatoporphyrin haben eine stärkere Wirkung, Eosin, Benzoflavin, Äskulin, Erythrosin P, Illuminol G und Chlorophyll wirken dagegen schwächer (Haitinger 1959). Dabei werden die genannten Farbstoffe sicher von ganz verschiedenen Zellbausteinen gebunden und in unterschiedlicher Art verarbeitet. Nicht der Ort und die Art der Farbstoffbindung, sondern bestimmte bisher nicht näher bekannte Eigenschaften und Reaktionen des Farbstoffes sind also für diesen Mechanismus verantwortlich.

Der Autor dankt allen Freunden und Kollegen für die Diskussion zahlreicher Fragen und für manch wertvollen Rat. Besonderer Dank jedoch gebührt Herrn Prof. A. Pischinger und Herrn Priv.-Doz. Dr. Wittekind, die das Manuskript studiert und verschiedene Änderungen und Ergänzungen angeregt haben. Herrn Priv.-Doz. Dr. W. Schmidt bin ich für die Überlassung zahlreicher Aufnahmen sehr verpflichtet. Den persönlichen Mitarbeitern, besonders Frl. J. Selbmann und Herrn stud. med. H. Höfler, sei auf diesem Wege ebenfalls herzlichst gedankt.

Literatur

Alexandrov, W. J., 1933: Über die Bedeutung der oxydo-reduktiven Bedingungen für die vitale Färbung mit besonderer Berücksichtigung der Kernfärbung in lebenden Zellen. Protoplasma 17, 161—217.
— 1939: Über die Schutzwirkung der granulären Bindung von Vitalfarbstoffen in der Zelle. Arch. Anat. 22, 67—73 (Ref. Ber. allg. Biol.).
— and D. N. Nassonov, 1939: On the causes of colloidal changes in the protoplasm and the augmentation of its affinity to the dye substances, as produced by injuries influences. Arch. Anat. 22, 11—43 (Ref. Ber. allg. Biol.).
Altmann, R., 1890: Die Elementarorganismen und ihre Beziehungen zu den Zellen. Veit & Co., Leipzig.
Altmann, H. W., 1955: Allgemeine morphologische Pathologie des Cytoplasmas. In: Handbuch der allgemeinen Pathologie. Herausg.: Büchner-Letterer-Roulet. II 1, 419—612. Berlin-Göttingen-Heidelberg: Springer-Verlag.
Altschul, R., 1943: Lipofuscin distribution in the basal ganglia. J. Comp. Neurol. 78, 45—57.
Archer, S., 1959: Chemical aspects of radiopaque agents. Ann. N. Y. Acad. Sci. 78, 720—726.
Armstrong, J. A., 1956: Histochemical differentation of nucleic acids by means of induced fluorescence. Exper. Cell Res. 11, 640—643.
Arnold, E., 1938: Vitalfärbungen am Säugetierei. Protoplasma 29, 321—339.
Aschoff, L., 1924: Das reticulo-endotheliale System. Erg. inn. Med. 26, 1—118.
Ashford, Th. P., and K. R. Porter, 1962: Cytoplasmic components in hepatic cell lysosomes. J. Cell Biol. 12, 198—202.
Austin, C. R., and M. W. H. Bishop, 1959: Differential fluorescence in living rat eggs treated with acridine orange. Exper. Cell Res. 17, 35—43.

BALZER, H., und P. HOLTZ, 1956: Beeinflussung der Wirkung biogener Amine durch Hemmung der Aminooxydase. Naunyn-Schmiedebergs Arch. Exp. Path. Pharmak. **227**, 547—558.

BAKAY, L., 1953: Studies of blood barrier with radioactive phosphorus. III. Embryonic development of the barrier. Arch. Neurol. Psychiat. (Chicago) **70**, 30—39.

BAKER, J. R., 1951: The absorption of lipoid by the intestinal epithelium of the mouse. Quart. J. micr. Sci. **92**, 79—86.

— 1953: The expressions "Golgi Apparatus", "Golgi body" and "Golgi Substance". Nature **172**, 617.

BANK, O., and A. KLEINZELLER, 1938: Die Vitalfärbung des Fibroblastenkernes mit Kristallviolett. Z. exper. Zellforsch. **21**, 394—399.

BARGMANN, W., 1959: Histologie und mikroskopische Anatomie des Menschen. 3. Auflage. Thieme, Stuttgart.

BARTOLI, G., 1940: Colorazione vitale a supravitale della cellule granulose basofile del connetive (Mastzellen). Monit. Zool. ital. **51**, 292—302.

BAUTZMANN, H., und W. SCHMIDT, 1960: Vergleichende elektronenmikroskopische Untersuchungen am Amnion von Sauropsiden und Mammaliern. Z. Zellforsch. **51**, 571—588.

BECK, F., 1961: Comparison of the different teratogenetic effects of three commercial samples of trypan blue. J. Embr. exp. Morph. **9**, 673—677.

BECKER, W. A., 1936: Vitale Cytoplasma- und Kernfärbungen. Protoplasma **26**, 439—487.

BECKER, H., and G. QUADBECK, 1950: Vitalversuche am Zentralnervensystem mit Triphenyltetrazoliumchlorid. Naturwiss. **37**, 565—567.

BEHNSEN, G., 1927: Über die Farbstoffspeicherung im Zentralnervensystem der weißen Maus in verschiedenen Alterszuständen. Z. Zellforsch. u. mikr. Anat. **4**, 515—572.

BEHRINGER, H., HORNYKIEWICZ, und K. LECHNER, 1961: Die Wirkung von Methylenblau auf die Monooxydase und den Katecholamin- und 5-Hydroxytryptaminstoffwechsel des Gehirnes. Naunyn-Schmiedebergs Arch. Exp. Path. Pharmak. **241**, 568—582.

BENNETT, H., 1956: The concepts of membrane flow and membrane vesiculation as mechanism for active transport and ion pumping. J. Biophys. Biochem. Cytol. **2**, Suppl., 99—103.

BENNETT, H. ST., J. LUFT, and J. C. HAMPTON, 1959: Morphological classifications of vertebrate blood capillaries. Amer. J. Physiol. **196**, 381—390.

BENNHOLD, H., und G. SEYBOLD, 1952: Der Aufnahmemechanismus plasmaeiweißgebundener Vitalfarbstoffe in speichernde Zellsysteme. Ein Beitrag zur Frage der Durchgängigkeit der Zellmembran für Plasmaeiweiß. Z. exper. Med. **118**, 407—424.

BENSLEY, R. R., and I. GERSH, 1933: Studies on cell structure by the freezing-drying method. I. Introduction. Anat. Rec. (Am.) **57**, 205—215.

BERTALANFFY, L. VON, 1959: Eine fluoreszenzmikroskopische Schnellmethode zur Diagnose des gynäkologischen Carcinoms. Klin. Wschr. **37**, 469—471.

— and I. BICKIS, 1956: Identification of cytoplasm basophilia (Ribonucleic acid) by fluorescence microscopy. J. Histochem. Cytochem. **4**, 481—493.

— F. MASIN, and M. MASIN, 1956: Use of acridinorange fluorescence technique in explorative cytology. Science **124**, 1024—1025.

BESSIS, M., 1958: Étude au microscope électronique de la destinée d'une molecule dans l'organisme ; la ferritine et le cycle hémoglobinique du fer. Bull. acad. nat. med. (Paris) **142**, 629—643.

— 1960: Die Zelle im Elektronenmikroskop. Sandoz-Monographien.

— 1961: The blood cells and their formation. In: The Cell. Vol. V. Ed. by BRACHET and MIRSKY. Academic Press, New York and London, 1961.

— and J. BRETON-GORIUS, 1959: Differents aspects du fer dans l'organisme. I. u. II. J. Biophys. Biochem. Cytol. **6**, 231—236, 237—240.

BETHE, A., 1905: Die Einwirkung von Säuren und Alkalien auf die Färbung und die Färbbarkeit tierischer Gewebe. Beitr. chem. Physiol. Pathol. **6**, 399—425.

— 1952: Allgemeine Physiologie. Springer: Berlin-Göttingen-Heidelberg.

BIELING, W., 1937: Die Stellen besonders starker Vitalfärbbarkeit am Mäuseembryo, ihre Bedeutung für die Formbildung nebst Untersuchungen über vitale Färbungen von Degenerationen. Roux' Arch. **137**, 1—12.

BISHOP, M. W. H., and C. R. AUSTIN, 1957: Mammalian spermatozoa. Endeavour **16**, 137—150.

Bishop, M. W. H., and J. Smiles, 1957: Induced fluorescence in mammalian Gametes with Acridine Orange. Nature **179**, 307.
— — 1957: Differentation between living and dead spermatozoa by fluorescence microscopy. Nature **179**, 308.
Blaschko, H., 1952: Amino oxidase and amine metabolism. Pharmacol. Rev. **4**, 415—458.
Boerner-Patzelt, D., 1924: Zur Kenntnis der intravitalen Speicherung von *Ferrum oxydatum saccharatum*. Arch. mikr. Anat. u. Ent.-Mech. **102**, 184—210.
Boerner, D., 1952: Fluoreszenzmikroskopische Untersuchungen an Lipoiden. Protoplasma **41**, 168—177.
Bogen, H. J., und U. Elste, 1955: Zur Physiologie der Acridinorangewirkung. Untersuchungen an Hefezellen. Planta (Berlin) **45**, 325—375.
— und C. Keser, 1954: Eiweiß-Abbau durch Acridinorange bei Hefezellen. Physiol. Plantarum (Kopenh.) **7**, 446—462.
Bohle, A., und H. Sitte, 1962: Vergleichende elektronenmikroskopische Untersuchungen zur Struktur des Glomerulum unter Berücksichtigung pathologischer Veränderungen. In: Glomeruläre und tubuläre Nierenerkrankungen. Internat. Nierensymp. Würzburg 1960. 205—231. Herausg.: E. Wollheim. Georg Thieme Verlag. Stuttgart.
Bommer, S., 1929: Weitere Untersuchungen über die sichtbare Fluoreszenz beim Menschen. Acta Dermato.-Venerol. **10**, 391—445.
Bompiani, A., 1954: Ricerche istospettografiche di fluorescenca sull'ovario nei roditori e nella donna. Ann. Ostetr. e Ginecol. **76**, 869—892.
Booij, H. L., and H. G. Bungenberg de Jong, 1956: Biocolloids and their interactions. In: Protoplasmatologia I/2. Herausg.: von Heilbrunn und Weber. Springer-Verlag, Wien.
Borst, M., und H. Königsdörffer, 1929: Untersuchungen über Porphyrie mit besonderer Berücksichtigung der *Porphyria congenita*. Leipzig (zit. nach de Lerma 1958).
Borysko, E., 1956: Recent developments in methacrylate embedding. I. A study of the polymerization damage phenomen by phase contrast microscopy. J. Biophys. Biochem. Cytol. **2** (Suppl.), 3—14.
Brandt, P. W., 1958: A study of the mechanism of Pinocytosis. Exper. Cell Res. **15**, 300—313.
— und G. D. Pappas, 1960: An electron microscopic study of Pinocytosis in Ameba. J. Biophys. Biochem. Cytol. **8**, 675—688.
Braun, S., M. Erdelyi, and Z. Harmath, 1959: Action of Janus green B on amytal ascites mouse tumour *in vitro* and *in vivo*. Acta Morph. (Budapest) **8**, 435—455.
Braunsteiner, H., A. Grabner und F. Pakesch, 1952: Die Fluoreszenzmikroskopie und ihre Verwertbarkeit in der Medizin. Wien. Z. inn. Med. **33**, 276—289.
Brenner, S., 1953: Supravital staining of mitochondria with phenosafranin dyes. Biochim. Biophys. Acta **11**, 480—486.
Briggs, R., 1952: Analysis of the inactivation of the frog-sperm nucleus by toluidine blue. J. Gen. Physiol. **35**, 761—780.
Brodin, H., 1956: Untersuchungen der Blutzirkulation mit fluoreszierenden Substanzen. Experientia (Basel) **12**, 158—159.
Brunschwig, A., R. L. Schmitz, and S. Jennings, 1940: Selective localisation of Evans Blue im subplacental portions of entoderm in the rat. Proc. Soc. Exper. Biol. Med. **44**, 64—66.
Bucher, O., 1939: Zur Kenntnis der Mitose. VI. Der Einfluß von Colchizin und Trypaflavin auf den Wachstumsrhythmus und auf die Zellteilung in Fibrozytenkulturen. Z. Zellforsch. **29**, 283—322.
— 1947: Cytopharmakologische Untersuchungen an Gewebekulturen *in vitro*. Vjschr. Naturforsch. Ges. Zürich, **92**, 221—238.
Bukatsch, F., und M. Haitinger, 1940: Beiträge zur fluoreszenzmikroskopischen Darstellung des Zellinhaltes, insbesondere des Cytoplasmas und des Zellkernes. Protoplasma **34**, 515—523.
Bungenberg de Jong, H., 1932: Die Koazervatbildung und ihre Bedeutung für die Biologie. Protoplasma **15**, 110—173.
— und O. Bank, 1940: Mechanismus der Farbstoffaufnahme. II. Farbstoffspeicherung, Elektrische Bindung, Ausschüttelung. Protoplasma **24**, 1—21.
Burgos, M., 1960: The role of amorphous cellular coating in active transport. Anat. Rec. **137**, 171.

Burkl, W., 1954: Fluoreszenzmikroskopischer Nachweis der Sexualhormone im Rattenhoden. Z. Zellforsch. **40**, 379—388.
— und G. Kellner, 1954: Über die Entstehung der Zwischenzellen im Rattenovar und ihre Bedeutung im Rahmen der Ostrogenproduktion. Z. Zellforsch. **40**, 361—378.

Carter, W., 1939: The use of prontosil as a vital dye for insects and plants. Science **90**, 394.
Case, N. M., 1959: Hemosiderin granules in the choroid plexus. J. Biophys. Biochem. Cytol. **6**, 527—530.
Casella, S., e M. Reggiani, 1949: Istospettografia di fluorescenza. Arch. Biol. **60**, 207—234.
Caulfield, J. B., 1957: Effects of varying the vehicle for OsO_4 in tissue fixation. J. Biophys. Biochem. Cytol. **3**, 827—830.
Chambers, R., 1922: New apparatus and methods for the dissection and injection of living cells. Anat. Rec. **24**, 1—19.
— and H. Pollack, 1926: Microurgical studies in cell physiology. IV. Colorimetric determination of the membran and cytoplasmic pH in the starfish egg. J. Gen. Physiol. **10**, 739—755.
— B. Cohen, and H. Pollack, 1932: Intracellular Oxydation-Reduction studies. IV. Reduction-Potentials of European marine ova and *Amoeba proteus* as shown by indicators. Protoplasma **17**, 376—387.
Chapman-Andresen, C., 1962: Studies on Pinocytosis amoeba. C. R. Trav. Lab. Carlsberg (Dän.) **33**, 73—264.
— and H. Holtzer, 1960: The uptake of fluorescent Albumin by pinocytosis in *Amoeba proteus*. J. Biophys. Biochem. Cytol. **8**, 288—291.
Chlopin, N. G., 1927: Experimentelle Untersuchungen über die sekretorischen Prozesse im Cytoplasma. Arch. exper. Zellforsch. **4**, 462—599.
— 1929: Experimentelle Untersuchungen über die Vitalfärbung tierischer Zellen. Arch. exper. Zellforsch. **6**, 324—360.
Christie, G. A., 1961: An embryological analysis of certain cardiac abnormalities produced in rats by the injection of trypan blue. Scot. med. J. **6**, 465—476.
Cigada-Leonardi, M., 1955: Sistanza fluorescenti in embrioni e adulti di anfibi. Rend. Ist. Lombardo Sc. e Lett. **88**, 1025—1033.
Clark, S. L., 1959: The ingestion of proteins and colloidal materials by columnar absorptive cells of the small intestine in suckling rats and mice. J. Biophys. Biochem. Cytol. **5**, 41—50.
Cohn, E., 1904: Die von Kupfferschen Sternzellen der Säugetierleber und ihre Darstellung. Zieglers Beiträge **36**, 152—160.
Conn, H. J., 1953: Biological Stains. VI. Ed. Biotechn. Publ. Geneva, N. Y.
— 1961: Biological Stains. VII. Ed. The Williams and Wilkins Comp., Baltimore.
Contier, L., 1957: Die Vitalfluorochromierung der Plasmozytomzellen mit Acridinorange. Blut III, 185—191.
Coons, A. H., 1956: Histochemistry with labeled antibody. Int. Rev. Cytol. **5**, 1—21.

Daems, W. Th., and Th. G. van Rijssel, 1961: The fine structure of the peribiliary dense bodies in mouse liver tissue. Ultrastructure Res. **5**, 263—290.
Dalcq, A. M., 1958: La métachromasie *in vivo* au bleu de toluidine dans l'œuf et l'embryon d'ascidie. Bull. Soc. zool. France **82**, 296—316.
Dangl, F., 1950: Bemerkungen zur Vitalfluorochromierung mit Acridinorange. Mikroskopie (Wien) **5**, 140—142.
— 1951: Über das Verhalten von Acridinfarbstoffen als Fluorochrome. Mikrochemie (Microchemica Acta) **36—37**, 1163—1168.
Dogiel, A. S., 1927: Methylenblau zur Nervenfärbung. In: Enzyklopädie der mikr. Technik. (Herausg. H. Krause.) III. Auflage z. Band. Urban & Schwarzenberg, Berlin und Wien.
Donath, T., and I. Lengyel, 1961: Analysis of the staining properties of acridine orange in epithelial cells. Acta Morph. (Budapest) **10**, 21—31.
Drebinger, K., 1951: Kerngifte und Lichtstrahlung. (Eine Studie an Froschspermien zur Wirkungsanalyse der Kerngifte.) Roux' Arch. **145**, 174—204.
de Bruyn, P. P. H., and N. H. Smith, 1959: Comparison between the *in vivo* and *in vitro* interaction of aminoacridines with nucleic acids and other compounds. Exper. Cell Res. **17**, 482—489.
— R. C. Robertson, and R. S. Farr, 1950: *In vivo* affinity of diaminoacridines for nuclei. Anat. Rec. (Am.) **108**, 279—307.

de Bruyn, P. P. H., R. S. Farr, H. Banks, and F. W. Morthland, 1953: *In vivo* and *in vitro* affinity of diaminoacridines for nucleoproteins. Exper. Cell Res. **4**, 174—180.

de Duve, C., B. C. Pressmann, R. Gianetto, R. Wattiaux, and F. Appelmans, 1955: Tissue fractionation Studies. 6: Intracellular distribution patterns of enzymes in rat-liver tissue. Biochem. J. **60**, 604—617.

de Haan, J., 1923: Die Speicherung saurer Vitalfarbstoffe in der Zelle mit Beziehung auf die Probleme der Phagozytose und Zellpermeabilität. Pflügers Arch. **201**, 393—401.

de Lerma, B., 1940: La spettofotometria in biologica: metodi problemi. Boll. Soc. Nat. Napoli **51**, 17—35.

— 1942: Un nuovo metodo d'indagine istochimica: La citofluorospettrografia quantitativa. I. Attrezzature strumentali e tecnica di ricerca. Boll. Soc. Nat. Napoli **53**, 9—16.

— 1952: Richerche di embriologica chimica degli insetti. II. Sulla natura e significato delle sostanze fluorescenti delle uova di locusta migratoria. Arch. Zool. ital. **37**, 81—90.

— 1958: Die Anwendung von Fluoreszenzlicht in der Histochemie. In: Handbuch der Histochemie I/1. (Herausg.: Graumann und Neumann), Gustav Fischer Verlag, Stuttgart 1958.

— e A. Bompiani, 1952: Istotopografia delle sostanze fluorescenti della corteccia surrenale di cavia e loro caratterizzazione spettrofotometrica. Bol!. Soc. ital. Biol. sper. **28**, 583—585.

— e D. Ventra, 1956: Su un materiale fluorescente individuato nel citoplasma delle cellule gangliari lobo elettrico di torpedine. Acta Neurol. Napoli **11**, 1009—1018.

Dempsey, E. W., and D. L. Basset, 1943: Observations on the fluorescence, birefringence and histochemistry of the rat ovary during the reproductive cycle. Endocrinology **33**, 384—401.

— 1956: Variations in the structure of mitochondria. J. Biophys. Biochem. Cytol. **2**, Suppl. 305—312.

— and G. B. Wislocki, 1955: The use of silver nitrate as a vital stain and its distribution in several mammalian tissues as studied with electron microscope. J. Biophys. Biochem. Cytol. **1**, 111—118.

— — 1955: An electron microscopic study on the blood-brain barrier in the rat, employing silver nitrate as a vital stain. J. Biophys. Biochem. Cytol. **1**, 243—256.

de Roberts, E. D. P., W. W. Nowinski, and F. A. Saez, 1960: General Cytology 3. Ed. Saunders, Philadelphia and London.

Doniac, J., J. L. Mottram, and E. Weigert, 1943: The fluorescence of 3,4-benzpyrene *in vivo*. I. The distribution of fluorescence at various sites especially the skin of mice. Brit. J. Exper. Pathol. **24**, 1—9.

Drawert, H., 1950: Das Sulfonamid Prontosil solubile als Vitalfarbstoff. Protoplasma **39**, 688—692.

Duncan, D., and W. Hild, 1960: Mitochondrial alterations in cultures of the central nervous system as observed with the electron microscope. Z. Zellforsch. **51**, 123—135.

Dupouy, G., P. Perrier, et L. Durrieu, 1960: L'observation de la matérie vivante au moyen d'un microscope électronique fonctionnant sous très haute tension. A. r. Acad. Sci. **251**, 2836—2841.

Dustin, jr. P., 1941: Contributions à l'étude de la coloration vitale granulaire par les colorants basiques. Production expérimentale de granules basophiles dans les erythrocytes et les tissues des amphibiens. Bull. Acad. r. Belg., Cl. Sci. V/27, 612—625.

— 1942: Contribution à l'étude de la coloration vitale granulaire par les colorants basiques. 2. Les réticulocytes des Mammifères. Bull. Acad. r. Belg. Cl. Sci. V/28, 223—232.

Eichner, D., 1959: Fluoreszenzmikroskopische Untersuchungen am Duodenalepithel der weißen Maus. Z. Zellforsch. **49**, 418—431.

— 1962: Zur Frage der Speicherung von Acridinorange in lebenden Zellen. Z. Mikr. anat. Forsch. **68**, 361—370.

Eickhoff, W., und N. Schümmelfeder, 1956: Fluoreszenzmikroskopische Beobachtungen an der lebenden Rattenschilddrüse. Virchows Arch. **328**, 18—28.

Ehrlich, P., 1885: Das Sauerstoffbedürfnis des Organismus. Eine farbenanalytische Studie. Berlin.

ELLINGER, P., 1940: Fluorescence microscopy in biology. Biol. Rev. 15, 323—350.
— und A. HIRT, 1929: Mikroskopische Untersuchungen an lebenden Organen. I. Methodik der Intravitalmikroskopie. Z. Anat. Entwicklungsgesch. 90, 791—802.
— — 1929: II. Zur Funktion der Froschniere. Arch. exper. Pathol. und Pharmakol. 145, 193—210.
— — 1930: III. Die Ausscheidung des Fluoresceins und des Trypaflavins durch die Niere des Winterfrosches. Arch. exper. Pathol. und Pharmakol. 150, 285—297.
— — 1930: Eine Methode zur Beobachtung lebender Organe mit stärksten Vergrößerungen im Lumineszenzlicht (Intravitalmikroskopie). Alderhaldens Handbuch der biologischen Arbeitsmethoden Abt. V, Teil 2/2, Urban & Schwarzenberg, Berlin-Wien.
— 1931: IV. Die Ausscheidung von Trypaflavin und Säure durch die Niere des Sommerfrosches. Arch. exper. Pathol. und Pharmakol. 1959, 111—127.
ELLIOTT, K. A. C., and Z. BAKER, 1935: The effects of oxydation-reduction potential indicator dyes on the metabolism of tumor and normal tissues. Biochem. J. 29, 2396—2404.
ENGHUSEN, E., und K. ENGHUSEN, 1961: Einige Untersuchungen über Vitalfärbung und Vitalfarbstoffe. Acta anat. 45, 177—201.
ERDMANN, K., 1954: Contribution à l'étude des substances protégeant de l'action des rayons. Proceedings 1. Int. Photobiological Congress, Amsterdam 146—149.
ESSNER, E., 1960: An electron microscopy study of erythrophagocytosis. J. Biophys. Biochem. Cytol. 7, 329—334.
— and A. B. NOVIKOFF, 1960: Human hepatocellular pigments and lysosomes. J. Ultrastructure Res. 3, 374—391.
— — 1961: Localisation of acid phosphatase activity in hepatic lysosomes by means of electron microscopy. J. Biophys. Biochem. Cytol. 9, 773—784.
EVANS, J. N., and E. SINGER, 1941: Fluorescence microscopy applied to ocular tissues. Arch. Ophthalm. 25, 1007—1019.

FARQUHAR, M. G., and G. E. PALADE, 1960: Segregation of ferritin in Glomerular protein absorption droplets. J. Biophys. Biochem. Cytol. 7, 297—304.
FELIX, M. D., and A. J. DALTON, 1956: A comparison of mesothelial cells and macrophages in mice after intraperitoneal inoculation of melanin granules. J. Biophys. Biochem. Cytol. 2, 109—114.
FELLINGER, K., und F. PAKESCH, 1948: Fluoreszenzmikroskopie im hämatologischen Bereich. Klin. Med. 3, 569—578.
— und J. SCHMIDT, 1948: Über eine neue Lampe zur Fluoreszenzmikroskopie. Mikroskopie 3, 314—317.
FERGUSON, M. B., 1951: The concentration of riboflavin in the tissues of the embryos, larvae, juveniles and adults of the frog, *Rana pipiens pipiens*. Physiol. Zool. 24, 41—54.
FISCHEL, A., 1908: Über eine vitale und spezifische Nervenfärbung. Z. wiss. Mikr. 25, 154—157.
— 1910: Vitale Färbung. In: Enzyklopädie der mikroskopischen Technik. II. Auflage. (Herausg. von KRAUSE.) II. Auflage. Urban & Schwarzenberg, Berlin und Wien.
FISCHER, A., 1927: Gewebezüchtung. Müller & Steinicke, München.
FISCHER, I., 1939: Vitale Kernfärbungen bei Stenobothrus. Chromosoma (Berlin) 1, 157—177.
— 1942: Grundriß der Gewebezüchtung. G. Fischer, Jena.
FLEISCHHAUER, K., und E. HORSTMANN, 1957: Intravitale Dithizonfärbung homologer Felder der Ammonsformation von Säugern. Z. Zellforsch. 46, 598—609.
FOX, M. H., and C. M. GOSS, 1955: Syndrome of cardiac aberrations associated with malformation of the primitive cardiac loop. Anat. Rec. 121, 294—295.
— — 1956: Experimental production of a syndrome of congenital cardiovascular defects in rats. Anat. Rec. 124, 189—203.
— — 1957: Experimentally produced malformations of the heart and great vessels in rat fetuses. Atrial and caval abnormities. Anat. Rec. 129, 309—332.
— — 1958: Experimentally produced malformations of the heart and great vessels in rat fetuses. Transposition complexes and aortic arch abnormalities. Amer. J. Anat. 102, 65—92.
FRANK, O., und V. LACHNIT, 1951/1952: Die Nierentubuli im Intravitalmikroskop. Arch. Exper. Path. 214, 507—512.
FRANKE, K., und A. SYLLA, 1934: Mikroskopische Lebensbeobachtung innerer Organe. I. Mitteilung, Gallenkapillar- und Leberzellstudien mit Mikrophotogrammen am lebenden Frosch. Z. Exper. Med. 89, 141—158.

78   II, D, 1: L. Stockinger, Vitalfärbung und -fluorochromierung tierischer Zellen

Freerichs, R., 1954: Über die Vitalfärbbarkeit von Hühnerembryonen. Biol. Zbl. **73**, 155—169.

Friedmann, I., 1960: Pleomorphic cytoplasmic inclusion bodies in tissue cultures of the otocyst exposed to dimycin. In: IV. Intern. Kongr. Elektronenmikroskopie (Herausg.: Bargmann, Möllenstedt, Niehrs, Peters, Ruska, Wolpers). II. Band. Springer-Verlag: Berlin-Göttingen-Heidelberg. 1960.

Gehuchten, A. van, 1897: Chromatolyse et chromatolyse périphérique. Bibliogr. Anat. **5**, 251.

Gersh, I., 1932: The Altmann technique for fixation by drying while freezing. Anat. Rec. **53**, 309—337.

Gersch, M., und E. Ries, 1937: Vergleichende Vitalfärbungsstudien Sonderungsprozeß und Differenzierungsperioden bei Eizellen und Entwicklungsstadien in verschiedenen Tiergruppen. Roux Arch. **136**, 169—209.

Gicklhorn, J., 1931 a: Elektive Vitalfärbungen. Probleme, Ziele, Ergebnisse, aktuelle Fragen und Bemerkungen zu den Methoden. Erg. Biol. **7**, 551—685.

— 1931 b: Zur Diskussion der Grundlagen und Beweise der Ultrafiltertheorie der Permeabilität. Protoplasma **13**, 567—591.

— und R. Keller, 1925: Elektive Vitalfärbungen als histo-physiologische Methode bei Wirbellosen. Arch. exper. Zellforsch. **1**, 501—546.

Gieschen, K. L., 1932: Über die Histogenese der Zellformen in der Milzkultur vom erwachsenen Kaninchen und ihr Verhalten im Nährplasma mit und ohne Trypanblauzusatz. Z. Zellforsch. **15**, 398—439.

Gieseking, R., 1958: Elektronenoptische Beobachtung der Stoffaufnahme in die Alveolarwand. Verh. dtsch. Path. Ges. (41. Tagung), 336—342.

Gillmann, J., C. Gilbert, T. Gillmann, and I. Spence, 1948: A preliminary report on hydrocephalus, spina bifida and other congenital anomalies, in the rat produced by trypan blue. J. Afr. J. Med. Sci. **13**, 47.

Goerttler, K., 1950: Entwicklungsgeschichte der Menschen. Berlin-Göttingen-Heidelberg: Springer-Verlag.

Goldmann, E. E., 1912: Neue Untersuchungen über die äußere und innere Sekretion des gesunden und kranken Organismus im Lichte der vitalen Färbung. Verlag Laupp'sche Buchhandlung, Tübingen.

— 1913: Vitalfärbung am Zentralnervensystem. Beitrag zur Physiopathologie des *Plexus choriodeus* und der Hirnhäute. Berlin, G. Reimer.

Gomori, G., 1952: Microscopic Histochemistry. Univ. Chicago Press.

Goodale, H. D., 1911: The early development of *Spelerpes bilineatus* (Green). Amer. J. Anat. **12**, 173—244.

Gössner, W., 1949: Zur Histochemie des Strugger-Effektes. Verh. dtsch. Ges. Path. (33. Tagung, Kiel) 102—109.

Gottschewski, G. H. M., 1954: Die Methoden der Fluoreszenz- und Ultraviolettmikroskopie und Spektroskopie in ihrer Bedeutung für die Zellforschung. Mikroskopie **9**, 147—167.

— 1958: Apparate und Einrichtungen für qualitative fluoreszenzmikroskopische Untersuchungen. In: Handbuch der Histochemie I/1 (Herausg.: Graumann und Neumann.) G. Fischer, Stuttgart.

— und H. Haase, 1953: Eine neue Methode zur fluoreszenzmikroskopischen Darstellung der Nierengefäßfunktionen im Tierversuch. Ärztl. Forsch. **7**, 345—346.

Graffi, A., 1940: Zelluläre Speicherung cancerogener Kohlenwasserstoffe. Z. Krebsforschung **49**, 477—495.

— 1940: Intrazelluläre Benzpyrenspeicherung in lebenden Normal- und Tumorzellen. Z. Krebsforsch. **50**, 196—219.

— 1941: Fluoreszenzmikroskopische Untersuchungen der Mäusehaut nach Pinselung mit Benzpyren-Benzollösung. Z. Krebsforsch. **52**, 165—184.

Grafflin, A. L., and E. H. Bagley, 1952: Studies of hepatic structure and function by fluorescence microscopy. Bull. John Hopkins Hosp. **90**, 395—437.

— and V. E. Chaney, 1953: *In vivo* studies of hepatic structure and function in the salamander. Anat. Rec. **115**, 53—61.

— — 1953: Studies of extrahepatic biliary obstruction in the white mouse by fluorescence microscopy. Bull. John Hopkins Hosp. **93**, 107—134.

— and E. G. Corddry, 1953: Further studies of the hepatic structure and function by fluorescence microscopy. Bull. John Hopkins Hosp. **93**, 205—224.

Gräper, L., 1936: Erkennung von Stellen besonderer Entwicklungsenergie durch Vitalfärbung (Induktion?). Anat. Anz. **81**, Erg. H. 125—129.

GREENBERG, R., and H. POPPER, 1941: Differentiation between Vitamin A_1 und Vitamin A_2 by means of fluorescence microscopy. J. Cell Comp. Physiol. **18**, 269—272.
— — 1941: Demonstration of Vitamin A in the retina by fluorescence microscopy. Amer. J. Physiol. **134**, 114—118.
GROPP, A., und K. HUPE, 1958: Fermenthistochemische Reaktionen an lebenden Zellen in Gewebekulturen. Klin. Wschr. **36**, 361—362.
GÜNDER, I., 1955: Quantitative Untersuchungen über die Entwicklung der Pterine und des Riboflavins in der Haut und im Auge von *Bufo bufo*. Z. Naturforsch. **10**, 173—177.

HADJIOLOFF, A., 1938: Coloration intravitale des lipides cellulaires chez les animaux. I. La voie entérale. Bull. Histol. appl. **15**, 81—98.
— 1938: Coloration intravitale des lipides cellulaires chez les animaux. II. La voie parentérale. Bull. Histol. appl. **15**, 113—129.
HAINE, M. E., und V. E. COSSLETT, 1961: The electron microscope. E. & F. N. Spon, London.
HAITINGER, M., 1934: Methoden der Fluoreszenzmikroskopie. In: Alderhaldens Handbuch der biologischen Arbeitsmethoden II/3/1. Urban & Schwarzenberg, Wien 1934, 3307—3337.
— 1938: Fluoreszenzmikroskopie. Ihre Anwendung in der Histologie und Chemie. Akad. Verlagsges., Leipzig.
— 1959: Fluoreszenz-Mikroskopie. II. Auflage bearbeitet von EISENBRANDT und WERTH. Akad. Verlagsges. Geest & Portig, Leipzig.
HAMBURGH, M., 1952: Malformations in mouse embryos induced by trypan blue. Nature **169**, 27.
— 1954: The embryology of trypan blue induced abnormalities in mice. Anat. Rec. **119**, 409—427.
HAMPERL, H., 1934: Die Fluoreszenzmikroskopie menschlicher Gewebe. Virchows Archiv **292**, 1—51.
HAMPTON, J. C., 1958: An electron microscopic study of the hepatic uptake and excretion of submicroscopic particles injected into the blood stream and into the bile duct. Acta Anat. **32**, 262—291.
— 1960: An electron microscope study of the source and distribution of ferritin in hepatic parenchymal cells of newborn rabbit. Blood **15**, 480—490.
— 1960: An electron microscopic study of mouse colon. Diseases of the Rectum and Colon **3**, 423—440.
HANSEN, H. G., 1956: Fluorochromierung von Zellen als Indikatorverfahren für Untersuchungen am lymphatischen System (tierexperimentelle Untersuchungen). Arch. Kinderklinik **153**, 57—69.
HANZON, V., 1952: Liver cell secretion under normal and pathologic conditions studied by fluorescence microscopy on living rats. Acta physiol. Scand. (Stockholm) **28**, Suppl. 101—268.
— und H. HOLMGREN, 1949: A vital microscope. Acta Anat. **8**, 113—121.
HARFORD, C. G., A. HAMLIN, and E. PARKER, 1957: Electron microscopy of HeLa cells after ingestion of colloidal gold. J. Biophys. Biochem. Cytol. **3**, 749—754.
HARMS, H., 1959: Handbuch der Farbstoffe für die Mikroskopie. Staufen-Verlag, Kamp-Lintfort.
HARRIS, J. E., and A. PETERS, 1953: Experiments on vital staining with methylene blue. Quart. J. microsc. Sci. **94**, 113—124.
HARTOCH, W., 1931: Zur Morphologie der Leber- und Nierensekretion. Lebendbeobachtungen im Fluoreszenzlicht. Z. ges. exper. Med. **79**, 538—547.
HARVEY, E. N., 1954: Tension at the cell surface. In: Protoplasmatologia II/E 5. (Herausg. von HEILBRUNN und WEBER.) Wien: Springer-Verlag.
HASELMANN, H., und D. WITTEKIND, 1957: Phasenkontrast-Fluoreszenz-Mikroskopie. Z. wiss. Mikrosk. mikroskop. Techn. **63**, 216—226.
HENKES, H. E., 1947: An investigation into secondary thiochrome fluorescence in tissue sections. Acta Anat. **2**, 321—350.
HILL, R. B., K. G. BENSCH, and D. W. KING, 1960: Photosensitization of nucleic acids and proteins. The photodynamic action of acridine orange on living cells in culture. Exper. Cell Res. **21**, 106—117.
HIRSCH, G. C., 1955: Allgemeine Stoffwechselmorphologie des Cytoplasmas. In: Handbuch der allgemeinen Pathologie. II/1 das Cytoplasma. Herausg. von BÜCHNER, LETTERER-ROULET. Berlin-Göttingen-Heidelberg: Springer-Verlag.

Hirt, A., 1934: Über mikroskopische Untersuchungen an der lebenden Leber bei Frosch und weißer Ratte. Anat. Anz. **78**, Erg. H. 222—224.
— 1936: Intravitalmikroskopie im Lumineszenzlicht. Zeiss Nachr. **2**, 358—274.
— 1939: Lumineszenzmikroskopische Untersuchungen am Nervensystem des lebenden Tieres. Verh. Anat. Ges. Anat. Anz. **88**, Erg. H. 25—42.
— 1939/1940: Die Lumineszenzmikroskopie und ihre Bedeutung für die medizinische Forschung. Zeiss Nachr. **3**, 82—106.
— und K. Wimmer, 1939: Lumineszenzmikroskopische Beobachtungen über das Verhalten von Vitaminen im lebenden Organismus. Klin. Wschr. **18**, 733—740.
— J. Ansorge, und H. Markstrahler, 1939: Lumineszenzmikroskopische Untersuchungen an der lebenden Frosch- und Rattenleber. Z. Anat. Entwicklungsgesch. **109**, 1—32.
— H. Sommer, K. Wimmer, und A. Kesselbach, 1939: Lumineszenzmikroskopische Untersuchungen an den Mastzellen der lebenden Maus. Anat. Anz. **87**, Erg. H. 97—105.
Hoar, R. M., and A. Salem, 1961: Time of teratogenetic action of trypan blue in guinea pigs. Anat. Rec. **141**, 173—182.
Hoffmann, F. A., und P. Langerhans, 1869: Über den Verbleib des in die Circulation eingeführten Zinnobers. Virchows Archiv **48**, 303—325.
Holter, H., and J. M. Marshall Jr., 1960: Studies on pinocytosis in the *Amoeba Chaos chaos*. C. r. trav lat. Carlsberg, Serie chim. **29/7/1954**. Zit. nach de Robertis, Nowinsky, Saez.
Hovasse, R., 1956: Le vacuome animal. Herausg. von Heilbrunn und Weber, Protoplasmatologia III/D/2, 1—37. Springer-Verlag: Wien 1956.
Hyden, H., and B. Lindström, 1950: Microspectrographic studies on the yellow pigment in nerve cells. Faraday Soc. Discussion **9**, 436—441.
— 1952: Chemische Komponenten der Nervenzelle und ihre Veränderungen im Alter und während der Funktion. 3. Kolloquium Ges. physiol. Chem. Berlin-Göttingen-Heidelberg: Springer-Verlag, 1952.

Imaizumi, R., K. Omori, A. Unoki, K. Sano, Y. Watari, J. Namba, and K. Inni, 1959: Physiological significance of monoamine oxidase. Jap. J. Pharmacol. **8**, 87—95.
Izquierdo, L., 1954: Méthode de fixation de la coloration vitale au bleu de toluidine. Quelques résultats concernant l'œuf du rat. C. r. Soc. Biol. (Paris) **148**, 1504—1506.

Jackson, J. F., 1955: Cytoplasmic granules in fibrinogenic cells. Nature **175**, 39—40.
— 1961: Supravital blood studies, using acridine orange fluorescence. Blood **17**, 643—649.
Jancso, N. V., und H. v. Jancso, 1936: Fluoreszenzmikroskopische Beobachtung der reversiblen Vitamin-A-Bildung in der Netzhaut während des Sehaktes. Biochem. Z. **287**, 289—290.
Jayne, E. P., 1950: Cytochemical studies of age pigments in man and the rat. J. Gerontol. **5**, 319—325.
Jezequel, A. M., 1959: Degénérescences myelinique des mitochondries de foie human dans un épithélioma du cholédoque et une ictère viral. J. Ultrastructure Res. **3**, 210—215.

Kaindl, F., 1960: Lymphangiographie und Lymphadenographie der Extremitäten. (Kaindl-Mannheimer-Pfleger (Schwarz)-Thumer). Thieme, Stuttgart.
Kalter, H., and J. Warkany, 1959: Experimental production of congenital malformations in mammals by metabolic procedure. Physiol. Rev. **39**, 69—115.
Kamnev, H. E., 1934: Der Einfluß von hypo- und hypertonischen Lösungen auf die Struktur und Vitalfärbung der Epithelzellen des Amphibiendarmes (*Rana temporaria, Triton taenitatus*). Protoplasma **21**, 169—180.
Karrer, H. E., 1958: The ultrastructure of mouse Lung: The alveolar Macrophage. J. Biophys. Biochem. Cytol. **4**, 693—700.
— 1960: Electron microscopic study of the phagocytosis process in Lung. J. Biophys. Biochem. Cytol. **7**, 357—366.
Kay, D., 1961: Techniques for electron microscopy. Blackwell. Scientific Publications. Oxford.
Kaye, G. I., and G. D. Pappas, 1962: Studies on the Cornea. I. The fine structure of the rabbit cornea and the uptake and transport of colloidal particles by the cornea in vivo. J. Cell Biol. **12**, 457—479.

KAYE, G. I., G. D. PAPPAS, A. DONN, and N. MALLET, 1962: Studies on the cornea. II. The uptake and transport of colloidal particles by the living rabbit cornea in vitro. J. Cell Biol. 12, 481—501.
KEDROWSKI, B., 1931: Die Stoffaufnahme bei *Opalina Ranarum*. III. Aufnahme und Speicherung von Farbstoffen. Z. Zellforsch. 12, 600—665.
— 1932: Über die Natur des Vakuoms. Z. Zellforsch. 15, 731—760.
— 1933: Untersuchungen über die Kondensatoren für basische Vitalfarbstoffe. I. Mitteilung, II. Mitteilung. Protoplasma 22, 44—55, 1934, 22, 607—615.
— 1937: Über die sauren (elektronegativen) Kolloide des Protoplasmas. Z. Zellforsch. 26, 21—35.
— 1937: Über die sauren Kolloide des Protoplasmas; Studien an Larven von *Rana temporaria*. Mitteilung I und II. Z. Zellforsch. 25, 694—707, 708—727.
— 1941: Über die Eigentümlichkeiten im kolloidalen Bau der Embryonalzellen. Z. Zellforsch. 31, 453—460.
KELLER, R., 1932: Die Elektrizität der Zelle. 3. Auflage. Mährisch-Ostrau.
— 1953: Nerven in elektropolaren Farbstoffen. Acta neurovegetativa (Wien) 5, 281—290.
— and B. CHIEGO, 1949: Vital staining of developing eggs. Protoplasma 39, 44—54.
— — 1955: The vital staining of injuries in living matter. Cytologica (Tokyo) 20, 62—68.
KELLY, J. W., 1956: The metachromatic reaction. In: Protoplasmatologia II/D/2. (Herausg.: HEILBRUNN und WEBER.) Springer-Verlag, Wien.
KERR, D. N. S., and A. T. MUIR, 1960: A demonstration of the structure and disposition of Ferritin in the human liver cell. J. Ultrastructure Res. 3, 313—319.
KIYONO, K., 1938: Die vitale Karminspeicherung: Ein Beitrag zur Lehre von der vitalen Färbung mit besonderer Berücksichtigung der Zelldifferenzierung im entzündeten Gewebe. Jena 1914 (zit. nach KIYONO und Mitarb., 1938).
— und J. SUGIYAMA, 1938: Die Lehre von der Vitalfärbung. Kyoto, Japan.
KLINGENBERG, H. G., W. LIPP, and F. MÜLLER, 1961: Effects of protamin and acridine orange on the muscular activity of the guinea-pig's uterus. Exper. Cell Res. 23, 1—8.
KNÜSEL, O., und P. VONWILLER, 1928: Vitale Färbungen am menschlichen Auge. Berlin, Karger.
KÖLBEL, H., 1947: Quantitative Untersuchungen über die Farbstoffspeicherung von Acridinorange in lebenden und toten Hefezellen und ihre Beziehungen zu den elektrischen Verhältnissen der Zelle. Z. Naturforsch. 26, 382—453.
— 1948: Quantitative Untersuchungen über den Speicherungsmechanismus von Rhodamin B, Eosin und Neutralrot in Hefezellen. Z. Naturforsch. 36, 442—453.
KONZETT, H., 1938: Förderung von Schlaf und Narkose durch Farbstoffe. Naunyn-Schmiedebergs Arch. exper. Path. Pharmakol. 188, 349—359.
KOSENOW, W., 1952: Die Fluorochromierung mit Acridinorange, eine Methode zur Lebendbeobachtung gefärbter Blutzellen. Acta Hämatol. 7, 217—221.
— 1956: Lebende Blutzellen im Fluoreszenz- und Phasenkontrastmikroskop. S. Karger, Basel und New York.
— und E. SCHELLONG, 1958: Fluoreszenzmikroskopische Differentialzählung beim ACTH-Test. Klin. Wschr. 36, 22—29.
KULPE, W., 1955: Beitrag zur fluoreszenzmikroskopischen Untersuchung lebender Organe. Virchows Archiv 327, 252—298.
KUNZ, CH., F. GABLER und F. HERZOG, 1961: Kontrastfluoreszenz, eine neue Methode der Fluoreszenzmikroskopie. Mikroskopie 16, 1—7.
KUPFFER, C. VON, 1876: Über Sternzellen der Leber. Arch. mikr. Anat. 12, 353—358.
— 1899: Über die sogenannten Sternzellen der Säugetierleber. Arch. mikr. Anat. 54, 254—288.
KÜSTER, E., 1928: Pflanzliche Vitalfärbungen. Methodik wiss. Biol. (Herausg. von PETERFI.) 1, 827. Berlin-Göttingen-Heidelberg: Springer-Verlag.
KUYPER, CH. M. A., 1957: Identification of mucopolysaccharides by means of fluorescent basic dyes.

LAJOS, I., 1956: Die Rolle der Eiweiß-Bindung in der Ausscheidung von Biligrafin. Fortschritte auf dem Gebiet der Röntgenstrahlen und der Nuklearmedizin 85, 292—298.
LANG, J., 1954: Vitalfärbung der Gelenkinnenhaut. Anat. Anz. 100 Erg. H. (Verh. anat. Ges.) 323—328.
LASFARGUES, E., 1949: Specific vital staining of the Golgi-apparatus in tissue culture with azure B. Anat. Rec. 103, 481.

Lasfargues, E., and J. di Fine, 1950: Specific vital staining of the Golgi-Zone in tissue culture with azure B. Anat. Rec. 106, 29—36.

Lasnitzki, J., and J. H. Wilkinson, 1948: The effect of acridin derivates on growth and mitosis of cells in vitro. Brit. J. Cancer 2, 369—375.

Lazarov, A., and S. J. Cooperstein, 1953: Studies on the enzymatic basis for the Janus Green B staining reaction. J. Histochem. Cytochem. 1, 234—241.

LeFevre, P. G., 1955: Active transport through animal cell membranes. In: Protoplasmatologia VIII/7/a. (Herausg. von Heilbrunn und Weber). Springer-Verlag, Wien.

Lehmann, H. J., 1954: Die Wirkung einiger Vitalfarbstoffe auf das Ruhepotential der überlebenden Skelettmuskelfasern des Frosches. Pflügers Arch. 259, 294—302.

— 1955: Die Wirkung einiger Vitalfarbstoffe auf den Aktionsstrom der isolierten markhältigen Nervenfasern des Frosches. Pflügers Arch. 260, 368—373.

Leonhardt, H., 1952/1953: Geigyblau 536 med., ein neuer Vitalfarbstoff zum Nachweis der Blut-Gehirnschranke. Z. wiss. Mikrosk. mikroskop. Techn. 61, 137—141.

Leonhartsberger, F., und F. Pakesch, 1950: Eigen-, Vital- und Intravitalfluoreszenz der Blutzellen. Wien. Z. inn. Med. 31, 7—12.

— — 1950: Innenkörper und Fluoreszenz. Acta Hämatol. 4, 56—58.

— — 1951 a: Fluoreszenz der lebenden Blutzellen. Wien. Z. inn. Med. 32, 110—112.

— — 1951 b: Differenzierung myeloischer und lymphatischer Zellen im Fluoreszenzmikroskop. Wien. Z. inn. Med. 32, 233.

Lepeschkin, W. W.: Kolloidchemie des Protoplasmas. 2. Aufl. (Dresden 1938). (Zit. nach Zeiger 1938.)

Lettré, H., 1941: Zur Wirkung von Trypaflavin auf den Mäuseascitestumor. Z. Physiol. Chemie 271, 192—199.

— 1946: Ergebnisse und Probleme der Mitosegifterforschung. Naturwiss. 37, 75—86.

— 1950: Über Mitosegifte. Ergebn. Physiol. 46, 379—452.

Lever, J. D., 1956: Physiologically induced changes in adrenocortical mitochondria. J. Biophys. Biochem. Cytol. 2, Suppl. 313—318.

Levi, G., 1928: Gewebezüchtung. In: Methodik der wiss. Biologie I. (Herausg.: Peterfi.) Berlin-Göttingen-Heidelberg: Springer-Verlag.

Lewis, W. H., 1931: Pinocytosis. Bull. John Hopkins Hosp. 49, 17—27.

— 1941, 1943: Pinocytosis. Drinking by cells (Cinematograph). Anat. Rec. 80, 395—396, 86, 224, 454, 684.

— und M. R. Lewis, 1915: Mitochondria in tissues culture. Amer. J. Anat. 17, 339—401.

Lewis, M. R., and P. G. Goland, 1948: In vivo staining and retardation of tumors in mice by acridine compounds. Ann. J. Med. Sci. 215, 282—289.

— H. A. Sloviter, and P. G. Goland, 1946: In vivo staining and retardation of growth of sarcomata in mice. Anat. Rec. 95, 89—96.

Lillie, R. D., 1954: Histopathologic technic and practical Histochemistry. Blakiston & Co., New York.

Lindner, E., 1958: Der elektronenmikroskopische Nachweis von Eisen im Gewebe. Erg. allg. Path. path. Anat. 38, 46—91.

Lindner, J., und W. Gusek, 1960: Elektronenmikroskopische Untersuchungen am Lymphknoten nach Dextranzufuhr. Frankf. Z. Path. 70, 367—388.

Lison, L., 1936: La coloration vitale des nucleoles dans le tube de Malpighi chez *Forficula auricularia* L. Bull. Acad. Méd. Belg. (Brux.) V, 22, 1189—1196.

— 1953: Histochimie et Cytochimie animales. Gauthiers-Villars, Paris.

Lloyd, J. B., and F. Beck, 1962: The teratogenic activity of purifid samples of Trypan Blue. Biochem. J. 83, 30—31.

Loeser, C. N., S. West, and M. D. Schönberg, 1960: Absorption and fluorescence studies on biological systems: Nucleic acid-dye complexes. Anat. Rec. 138, 163—178.

Luft, J. L., 1956: Permanganate — A new fixative for electron microscopy. J. Biophys. Biochem. Cytol. 2, 799—802.

Makarov, P., 1934: Analyse der Wirkung des Kohlenoxyds und der Cyanide auf die Zelle mit Hilfe der Vitalfärbung. Cytoplasma 20, 530—554.

Maki, T., 1958: Studies on the fixation of dyes used in supravital staining of cells. III. Blood cells of rabbits. J. Okayama Med. Ass. 70, 4651—4658.

Mangold, O., 1928: Entwicklungsmechanik der Tiere. In: Methodik der wiss. Biologie. II. Band (Herausg.: T. Peterfi). Berlin-Göttingen-Heidelberg: Springer-Verlag.

Marinesco, M. C., 1896: Des lésions primitives et des lésions secondaires de la cellule nerveuse. C. r. Soc. Biol. (Paris) 48, 106.

MAY, I., 1948: Zur fluoreszenzmikroskopischen Unterscheidung lebender und toter Bakterien mittels Acridinorangefärbung. Zbl. Bakteriol. 152, 586—590.

MAYER, S., 1889: Beiträge zur histologischen Technik. I. Die Methode der Methylenblaufärbung. Z. Mikrosk. 6, 422—434.

MAYERSBACH, H., 1958: Zur Frage des Proteinüberganges von der Mutter zum Foeten. I. Befunde an Ratte am Ende der Schwangerschaft. Z. Zellforsch. 49, 479—504.

— 1958: Immunhistologische Methoden in der Histochemie. Handbuch der Histochemie, Band I. Hrsg.: von GRAUMANN und NEUMANN, Gustav Fischer, Stuttgart.

— 1962: Immunhistochemische Methoden. In: Protoplasmatologia (Hrsg.: HEILBRUNN und WEBER). Wien: Springer-Verlag (in Druck).

McMASTER, P. D., and R. H. PARSONS, 1938: Path of escape of vital dyes from the lymphatics into the tissues. Proc. Soc. Exper. Biol. a. Med. (Ann.) 37, 707—709.

MELCZER, N., 1949: Carcinom und Reizwirkung. Schweiz. med. Wschr. 79, 225—227.

MELLORS, R. C., J. HLINKA, and A. J. HOLLENDER, 1957: Cellular localization of tobacco smoke products. I. The skin of mice painted with cigarette tars. Cancer Res. 17, 698—700.

MELTZER, S. J., 1904: Edema. A consideration of the physiologic and pathologic factors concerned in its formation. Amer. Med. 8, 191.

MERCER, E. H., and M. S. C. BIRBECK, 1961: Electron microscopy. A handbook for biologists. Blackwell, Oxford.

METCALF, R. L., and R. L. PATTON, 1944: Fluorescence microscopy applied to entomology and allied fields. Stain Technol. 19, 11—27.

MEYER, I., 1957: Strahlenschutzversuche mit Alkoholen. Naturwiss. 44, 635.

MEYER, M., 1958: Trypaflavinwirkungen auf Amphibienmitosen. Z. Zellforsch. 47, 731—759.

MICHAELIS, L., 1900: Die vitale Färbung, eine Darstellungsmethode der Zellgranula. Arch. mikrosk. Anat. u. Entw.Mechan. 55, 558—575.

— 1902: Einführung in die Farbstoffchemie. S. Karger, Berlin.

— 1947: The nature of the interaction of nucleic acids and nucleic with basic dyestuffs. Cold, Spring Harbour Symp. quant. Biol. 12, 131—142.

MILLER, F., 1951: Studies on the formation of protein bound derivates of 3,4-Benzpyren in the epidermal fraction of mouse skin. Cancer Res. 11, 100—108.

— 1960: Hemoglobin absorption by the cells of the proximal convoluted tubule in mouse kidney. J. Biophys. Biochem. Cytol. 8, 689—718.

— 1961: Lipoprotein granules in the cortical collecting tubules of mouse kidney. J. Biophys. Biochem. Cytol. 9, 157—170.

MISSAUD, A., 1567: Memorabilium utilium et jucundorum centuriae morem. Lutetiae Cent. 7. Art., 91 Fol. 104. (Zit. nach MÖLLENDORFF, 1926.)

MÖLLENDORFF, W. v., 1918: Zur Morphologie der vitalen Granulafärbung. Arch. mikr. Anat. (Berlin) 90, 463—502.

— 1918: Die Bedeutung von sauren Kolloiden und Lipoiden für die vitale Farbstoffbindung. Arch. mikr. Anat. (Berlin) 90, 503—542.

— 1920: Vitale Färbungen an tierischen Zellen. Erg. Physiol. 18, 141—306.

— 1925: Beiträge zur Kenntnis der Stoffwanderungen bei wachsenden Organismen. IV. Die Einschaltung des Farbstofftransportes in die Resorption bei Tieren verschiedenen Lebensalters. Z. Zellforsch. 2, 129—202.

— 1926: Vitale Färbung. In: Enzykl. d. mikr. Technik. Hrsg.: von KRAUSE, 3. Auflage, I. Band. Berlin und Wien, Urban & Schwarzenberg.

— 1936: Experimentelle Vakuolenbildung in Fibrozyten der Gewebekultur und deren Färbung durch Neutralrot. Z. Zellforsch. 23, 746—760.

— 1938: Eröffnungsansprache. Arch. exper. Zellforsch. 22, 3—11.

— und M. OSTROUCH, 1939: Zur Kenntnis der Mitosen und Rundzellen unter dem Einfluß von Trypanblau in Gewebekulturen. Z. Zellforsch. 29, 323—355.

MØLLER, K. O., 1961: Pharmakologie. Basel und Stuttgart: Benno Schwabe & Co.

MONNÉ, L., 1935: Permeability of the nuclear membrane to vital stains. Proc. Soc. Exper. Biol. a. Med. (Am.) 32, 1197—1199.

— 1938: Über Vitalfärbung tierischer Zellen mit Rhodaminen. Z. Mikrosk. 55, 143—149.

— 1938: Über Vitalfärbung des Golgiapparates und der ergastoplasmatischen Strukturen in einigen Gastropoden-Zellen. Protoplasma 30, 460—464.

— 1942: Über die elektive Färbung des Vakuoms und der Mitochondrien sowie über die diffuse Vitalfärbung des Cytoplasmas. Arch. exper. Zellforsch. 24, 373—393.

Moodie, M. M., C. Reid, and C. A. Wallick, 1954: Spectrometric studies on the persistence of fluorescent derivates of carcinogens in mice. Cancer Res. 14, 367—371.

Moore, D. H., and H. Ruska, 1957: The fine structure of capillaries and small arteries. J. Biophys. Biochem. Cytol. 3, 457—462.

Moore, R. D., V. R. Mumav, and M. D. Schönberg, 1961: The transport and distribution of colloidal iron and its reaction to the ultrastructure of the cell. J. Ultrastructure Res. 5, 244—256.

Morgan, W. S., 1958: A cytoplasmic neutral red—ribonucleic acid component non influencing protein synthesis. Exper. Cell Res. 14, 435—439.

Morthland, F. W., P. P. H. de Bruyn, and N. H. Smith, 1954: Spectrophotometric studies in the interaction of nucleic acids with amino-acridines and other basic dyes. Exper. Cell Res. 7, 201—214.

Moss, M. L., 1954: Vital staining of newly formed areas of compact bone with chlorazol fast pink. Stain Technol. 29, 247—251.

Muhlerkar, L., 1960: The effects of Trypan blue on chick embryos cultured in vitro. J. Embryol. Morph. 8, 1—5.

Murakami, U., 1952: Artificial induction of pseudoencephaly, short-tail, taillesness, myelencephatic blebs and some fissure formations (phenocopies) of the mouse. Nagoya J. Med. Sci. 15, 185. Zit. nach A. Christie, 1961, Scot. med. J. 6, 465—476.

Muralt, A. V., 1943: The secondary thiochrome fluorescence of peripheral nerves and their relation to Beths polarisation structure. Arch. ges. Physiol. 247, 1—10.

Murray, M. R., and G. Kopech, 1953: A bibliography of the Research in Tissue Culture. Academic Press, New York.

Nagel, A., 1931: Über die Wirkung verschiedener Faktoren, insbesondere narkotisierender Substanzen, auf die vitale Methylenblaufärbung bei *in vitro* gezüchteten Fibrozyten. Z. Zellforsch. 13, 405—447.

Nassonov, D., 1926: Die physiologische Bedeutung des Golgi-Apparates im Lichte der Vitalfärbungsmethode. Z. Zellforsch. 3, 472—502.

— 1930: Über den Einfluß des Oxydationsprozesses auf die Verteilung von Vitalfarbstoffen in der Zelle. Z. Zellforsch. 11, 179—217.

— 1932: Über die Ursachen der reversiblen Gelatinierung des Zellkernes. Protoplasma 15, 239—267.

— 1933: Vitalfärbung des *Makronucleus aerober* und anaerober Infusorien. Protoplasma 17, 218—238.

Naumann, H. H., 1956: Fluoreszenzmikroskopische Untersuchungen zur Frage der Tonsillenfunktion. 4. Mitt. Das Schicksal von gelösten, auf dem Blutweg zugeführten Stoffen in der Gaumenmandel. Z. Laryng. 35, 28—44.

— 1959: Intravitalmikroskopische Beobachtungen an der Nasenschleimhaut: Die Aufnahme körperfremder Stoffe in die Nasenschleimhaut (Resorption). Fschr. Hals-Nasen-Ohrenhk. 5, 107—169.

Neumann, K., 1955: Grundriß der Gefriertrocknung. 2. Auflage. Wiss. Verlag Musterschmidt, Göttingen-Frankfurt-Berlin.

— 1958: Anwendung der Gefriertrocknung für histochemische Untersuchungen. In: Handbuch der Histochemie I/1. (Hrsg. von Graumann und Neumann.) G. Fischer-Verlag, Stuttgart.

Nilsson, O., 1958: Ultrastructure of mouse uterine surface epithelium under different estrogenic influences. II. Early effect of estrogen administered to spayed animals. J. Ultrastructure Res. 2, 73—95.

Nirenstein, E., 1920: Über das Wesen der Vitalfärbung. Pflügers Arch. 179, 233—337.

Novikoff, A. B., 1959: The proximal tubule cell in experimental Hydronephrosis. J. Biophys. Biochem. Cytol. 6, 136—138.

— 1961: Lysosomes and related Particles. In: The Cell, Vol. II. (Hrsg.: Brachet und Mirsky.) Academic Press, New York and London.

— and E. Essner, 1962: Cytolysosomes and mitochondrial degeneration. J. Cell Biol. 15, 140—146.

— B. Runling, J. Drucker, and S. E. Kaplan, 1960: Uptake of proteins and their intracellular fate: a cytochemical and electron microscopic study. J. Histochem. a. Cytochem. 8, 319—320.

Odor, L., 1956: Uptake and transfer of particulate matter from the peritoneal cavity of the rat. J. Biophys. Biochem. Cytol. 2, 105—108 (Suppl.)

Olivo, O. M., e M. Boskovic, 1939: Colorazione vitale con rosso neutro e metabolismo cellulare in vitro. Boll. Soc. Biol. sper. 11, 447—449.

Overton, E., 1900: Studien über die Aufnahme der Anilinfarben in die lebende Zelle. Jb. wiss. Bot. 34, 669—701.

Palade, G. E., 1952: A study of fixation for electron microscopy. J. exper. Med. 95, 285—298.
— 1953: Fine structure of blood capillaries. J. Appl. Physics 24, 1424.
— 1956: The endoplasmic reticulum. J. Biophys. Biochem. Cytol. 2 (Suppl.) 85—97.

Palm, N. B., 1952: Storage and excretion of vital dyes in insects with special regard to trypan blue. Art. Zool. (Stockholm) Andra Ser. 3, 195—272.
— 1954: The elimination of injected vital dyes from the blood in Myriapods. Art. Zool. (Stockholm) Andra Ser. 6, 219—246.

Pappas, G. D., G. K. Melser, and P. W. Brandt, 1959: Studies on the ciliary epithelium and the zonule. II. Arch. Opht. 62, 959—965.

Parat, M., 1928: Quelques données morphologiques et expérimentales sur la structure de la cellule: Appareil de Golgi, vacuome colorations vitales, pH intracellulaire. Arch. exper. Zellforsch. 6, 109.
— 1928: Contribution à l'étude morphologique et physiologique du cytoplasma. Chondriome, Vacuome (Appareil de Golgi), enclaves, etc. Arch. d'Anat. microsc. Morph. exp. Biochem. 24, 73—357.

Parks, H. F., and L. D. Peachey, 1955: Morphological observations on cytoplasmic inclusions of phagozytosed submicroscopic particles in Kupffer cells of mice. Anat. Rec. 12, 348.
— — and A. D. Chiquoine, 1956: Submicroscopic morphology of cytoplasmic inclusions of phagocytosed colloidal particles in Kupffer cells of mice. Anat. Rec. 124, 428.

Parsons, R. J., and P. D. McMaster, 1938: Normal and pathological factors influencing the spread of a vital dye in the connective tissue. J. exper. Med. 68, 869—890.

Pasteels, J., 1939: Sur le plan des ébauches de l'œuf d'axolotl au seuil de la gastrulation. C. r. Soc. Biol. (Paris) 131, 776—779.
— 1939: Une version nouvelle du plan des ébauches de la jeune gastrula du discoglosse. C. r. Soc. Biol. (Paris) 131, 779—781.

Pease, D. C., 1960: Histological techniques for Electron microscopy. Academic Press, New York and London.

Peters, Th., 1955: Apparatur und Technik zur Mikroskopie an lebenden Säugerorganen in situ in gewöhnlichem Licht und Fluoreszenzlicht. Z. wiss. Mikrosk. mikroskop. Techn. 62, 348—367.
— 1957: Vitalfluoreszenz und Histochemie. Acta Histochem. 4, 250—259.

Pettersson, T., 1956: Beobachtungen an Mastzellen bei Vitalfärbung. Anat. Anz. 103 (Erg.-H.), 77—88.

Philpot, F. J., 1937: Some observations on the oxidation of thyramin in the liver. Biochem. J. 31, 856—861.
— and G. Cantoni, 1941: Adrenalin destruction and methylene blue. J. Pharmacol. exper. Ther. 71, 95—103.

Pick, J., 1935: Einige Vitalfärbungen am Frosch mit neuen fluoreszierenden Substanzen. Z. wiss. Mikrosk. mikroskop. Techn. 51, 338—351.

Pischinger, A., 1937: Untersuchungen über die Kernstruktur, besonders über die Beziehungen zwischen Struktur am Leben und nach der der Fixierung. Z. Zellforsch. 26, 251—280.
— 1950: Über die Struktur des Zellkernes. Protoplasma 39, 567—587.
— 1955: Über die Färbung nativer Gefrierschnitte mit Ehrlichs saurem Hämatoxylin nach Feyrter. Z. wiss. Mikrosk. mikroskop. Techn. 62, 248—255.
— 1957: Die Bedeutung hochmolekularer ungesättigter Fettsäuren im Blut. Therapiewoche 7, 397—403.

Policard, A., 1924: Sur les phénomènes des fluorescences déterminés dans les tissues par la lumière de Wood. C. r. Acad. Sci. (Paris) 179, 1287—1289.
— et M. Bessis, 1958: Sur une mode d'incorporation des macromolecules par la cellule, visible au microscope électronique: la ropheocytose. C. r. Acad. Sci. (Paris) 246, 3194—3197.

Politzer, G., 1924: Versuche über den Einfluß des Neutralrots auf die Zellteilung (Mitose — Amitose — Pseudoamitose). Z. Zellenlehre 1, 644—670.
— 1924: Über die Giftwirkung des Neutralrots. Biochem. Z. 151, 43—47.
— 1934: Pathologie der Mitose. Protoplasma Monogr. 7, Berlin.

Politzer, G., 1953: Zur Morphologie der photodynamischen Erscheinungen. (Eine Erwiderung an K. Debringer und ein Versuch.) Roux' Arch. 146, 403—406.
— und L. Stockinger, 1954: Über die toxische und photodynamische Wirkung des Acridinorange. Z. Zellforsch. 41, 186—202.
Ponder, E., 1961: The cell membrane and its properties. In: The Cell, Vol. II. (Hrsg.: Brachet und Mirsky.) Academic Press, New York und London.
Ponfick, E., 1869: Studie über die Schicksale körniger Farbstoffe im Organismus. Virchows Arch. 48, 1—54.
Popper, H., 1940: Histological demonstration of Vitamin A in the human liver by means of fluorescence microscropy. Proc. Soc. exper. Biol. Med. (Am.) 43, 234—236.
— 1944: Distribution of Vitamin A in tissue as visualized by fluorescence Microscopy. Physiol. Rev. 24, 205—224.
— and R. Greenberg, 1941: Visualization of Vitamin A in rat organs by fluorescence microscopy. Arch. Path. 32, 11—32.
— and A. B. Ragins, 1941: Histological demonstration of Vitamin A in tumors. Arch. Pathology 32, 258—271.
Price, G. R., and Christenson Le Roy, 1957: Combined Phase and Fluorescence Microscopy. Mikroskopie 12, 147—151.
— and S. Schwartz, 1956: Fluorescence Microscopy. In: Physical techniques in Biological Research (Hrsg.: Oster and Pollister). Academic Press, New York.

Querner, R. F. v., 1935: Der mikroskopische Nachweis von Vitamin A in animalem Gewebe. Zur Kenntnis der paraplasmatischen Zelleinschlüsse. Klin. Wschr. 14, 1213—1217.

Ragins, A. B., and H. Popper, 1942: Variations of Vitamin A fluorescence in the cyclic chances in the ovary. Arch. Pathol. 34, 647—663.
Reimer, L., 1959: Elektronenmikroskopische Untersuchungs- und Präparationsmethoden. Berlin-Göttingen-Heidelberg: Springer-Verlag.
Rhodin, J., 1955: Electron microscopy of the glomerular capillary wall. Exper. Cell Res. 8, 572—574.
— and T. Dalhamn, 1956: Electron microscopy of the tracheal ciliated mucosa in rat. Z. Zellforsch. 44, 345—412.
Ribbert, 1890: Über die Beteiligung der Leukozyten an der Neubildung des Bindegewebes. Zbl. Pathol. I/665—671.
Richman, S. M., W. A. Thomas, and N. Konikov, 1957: Survival of rats with induced congenital cardiovascular Anomalia. Arch. Pathol. 63, 43—48.
Richter, D., 1937: Vital staining of bones with madder. Biochem. J. 31, 591—595.
Richter, G. W., 1958: Electron microscopy of hemosiderin: Presence of ferritin and occurence of crystaline lattices in hemosiderin deposits. J. Biophys. Biochem. Cytol. 4, 55—58.
— 1959: The cellular transformation of injected colloidal iron complexes into ferritin and hemosiderin in experimental animals. J. Exper. Med. (Am.) 109, 197—216.
Ried, W., 1952: Formazane und Tetrazoliumsalze, ihre Synthesen und ihre Bedeutung als Reduktionsindikator und Vitalfarbstoffe. Angew. Chemie 64, 391—396.
Ries, E., 1937: Untersuchungen über den Zelltod. I. Die Veränderungen der Färbbarkeit beim Absterben der Zellen, mit besonderer Berücksichtigung der vitalen und postvitalen Kernfärbung. Z. Zellforsch. 26, 507—564.
— 1938: Grundriß der Histophysiologie. Akadem. Verlagsges., Leipzig.
— 1939: Histochemische Sonderungsprozesse während der frühen Embryonalentwicklung verschiedener wirbelloser Tiere. Arch. exper. Zellforsch. 22, 569—586.
— und M. Gersch, 1953: Biologie der Zelle. B. G. Teubner, Verlagsgesellschaft, Leipzig.
Rockenschaub, A., 1950: Theka- und Stroma-Luteinzellen des Eierstockes als fluoreszierende Körnchenzellen („Fluorozyten"). Geb. u. Frauenhk. 10, 829—834.
— 1950: Eigenfluoreszenz und Hormonbildung in Theca und Granulosa. Mikroskopie 6, 304—306.
— 1952: Eigenfluoreszenz und Hormonbildung in der Plazenta. Mikroskopie 7, 56—58.
— 1954: Zur Frage der hormonellen Steuerung des menstruellen Zyklus. Zbl. Gynäkol. 76, 1329—1338.

ROLLHÄUSER, H., 1957: Histologische und cytologische Untersuchungen über den Mechanismus der tubulären Farbstoffausscheidung in der Rattenniere. Z. Zellforsch. 46, 52—66.
— 1960: Untersuchungen über den örtlichen und zeitlichen Ablauf der Phenolrotausscheidung in den Tubuli der unbeeinflußten Rattenniere. Z. Zellforsch. 51, 348—355.
— und W. VOGELL, 1960: Die tubuläre Phenolrotausscheidung und die Feinstrukturveränderungen der Glomerula bei der Rattenniere im traumatischen Schock. Z. Zellforsch. 52, 549—566.
ROMEIS, B., 1948: Mikroskopische Technik. R. Oldenburg, München.
ROTHENSTEIN, A., 1954: The enzymology of the cell surface. In: Protoplasmatologia II/E 4. (Hrsg.: HEILBRUNN und WEBER.) Wien: Springer-Verlag.
RUHLAND, W., 1908: Beiträge zur Kenntnis der Permeabilität der Plasmahaut. Jb. wiss. Bot. 46, 1—54.
RUHLAND, G., 1955: Ergänzende Versuche zur photodynamischen Wirkung verschiedener fluoreszierender und nichtfluoreszierender basischer Farbstoffe. Roux' Arch. 147, 365—372.
RUSKA, H., 1959: Das System der Zelle. Studium Generale 12, 133—142.
— 1960: Der Einfluß der Elektronenmikroskopie auf die biologische Forschung. Marburger Sitzungsberichte 82, 3—40.

SAMPAIO, M. M., 1956: The use of thorotrast for the electron microscopic study of phagocytosis. Anat. Rec. 124, 501—508.
SCHABADASCH, A., 1930: Untersuchungen zur Methodik der Methylenblaufärbung des vegetativen Nervensystems. Z. Zellforsch. 10, 221—243.
SCHILLING, K., 1936: Über die Farbstoffspeicherung im Zentralnervensystem junger Hühnerembryonen. Zugleich ein Beitrag zur Methodik der Lebendbeobachtung und Vitalfärbung während des Wachstums. Arch. exper. Zellforsch. 18, 481—495.
SCHMIDT, W., 1960: Elektronenmikroskopische Untersuchungen zur Frage der vakuolären Speicherung und Stoffablagerung bei Vitalfärbung mit Acridinorange und Neutralrot. Z. Anat. 121, 516—524.
— 1960: Elektronenmikroskopische Untersuchungen über die Speicherung von Trypanblau in den Zellen des Hauptstückes der Niere. Z. Zellforsch. 52, 598—603.
— 1961: Elektronenmikroskopische Untersuchung des intrazellulären Stofftransportes in der Dünndarmepithelzelle nach Markierung mit Myofer. Z. Zellforsch. 54, 803—806.
— 1961: Licht- und elektronenmikroskopische Untersuchungen über die intrazelluläre Verarbeitung von Vitalfarbstoffen. Habil.-Schr. med. Fak. Universität Hamburg.
— 1962: Licht- und elektronenmikroskopische Untersuchungen über die intrazelluläre Verarbeitung von Vitalfarbstoffen. Z. Zellforsch. 58, 573—637.
SCHMIDTMANN, M., 1927: Über intrazelluläre Wasserstoffionenkonzentration und ihre praktische Bedeutung. Z. ärztl. Fortbild. 24, 50—54.
SCHOPPER, W. H., 1942: Le thiochrome colorant vital fluorescent. Son rôle comme indicateur cytologique de la perméation de l'acide ascorbique. Protoplasma 36, 546—557.
SCHULTZ-BRAUNS, O., 1931: Eine neue Methode des Gefrierschneidens unfixierter Gewebe für die histologischen Schnelluntersuchungen. Klin. Wschr. 113—116.
— 1931: Die Vorteile des Gefrierschneidens unfixierter Gewebe für die histologische Technik. Zbl. Pathol. 50, 273—277.
— 1932: Verbesserungen und Erfahrungen bei der Anwendung der Methode des Gefrierschneidens unfixierter Gewebe. Zbl. Pathol. 54, 225—234.
SCHULZ, H., 1958: Die submikroskopische Pathologie der Cytosomen in den Alveolarmakrophagen der Lunge. Beitr. pathol. Anat. u. allg. Pathol. 119, 71—91.
— 1961: Über die Phagocytose von kolloidalem Siliziumdioxyd durch Thrombozyten mit Berechnungen der submikroskopischen Struktur der Thrombozytenmembran. Folia Haemat. 5, 195—205.
SCHUMAKER, V. N., 1958: Uptake of protein from Solution by *Amoeba proteus*. Exper. Cell Res. 15, 314—331.
SCHÜMMELFEDER, N., 1948: Die Fluorochromierung tierischer Zellen mit Acridinorange. Naturwiss. 35, 346.
— 1949: Über Beziehungen zwischen Stoffwechselaktivität und Acridinorangespeicherung. Naturwiss. 36, 58.

Schümmelfeder, N., 1950: Die Fluorochromierung des lebenden, überlebenden und toten Protoplasmas mit dem basischen Farbstoff Acridinorange und ihre Beziehung zur Stoffwechselaktivität der Zelle. Virchows Arch. 318, 119—154.
— 1956: Einfluß der Pufferlösung auf die färberische Bestimmung des Umladebereiches von Gewebselementen. Z. Zellforsch. 44, 488—494.
— K. J. Ebschner und E. Krogh, 1957: Die Grundlagen der differenten Fluorochromierung von Ribo- und Desoxyribonukleinsäuren mit Acridinorange. Naturwiss. 44, 467—468.
— — — 1958: Färbungsanalysen zur Acridinorange-Fluorochromierung. Histochemie 1, 1—28.
Seeger, P. G., 1938: Untersuchungen am Tumoraszites der Maus. 1. Vitalfärbbarkeit der Asziteszellen. Arch. exper. Zellforsch. 20, 280—335.
— und W. Schacht, 1959: Untersuchungen am Ehrlichschen Ascitescarcinom der Haut. III. Die Trypanblaufärbung von Tumorzellen als Kriterium der Mortalität. Protoplasma 51, 1—13.
Seki, M., 1933: Zur Kenntnis der intra- und supravitalen Färbung. I. Färberischer Beweis für die Reichlichkeit von basischen Substanzen in den Histiozyten und Reticuloendothelien. Z. Zellforsch. 19, 238—265. II. Farbenanalytische Studien über die Grundsubstanz der gespeicherten Säurefarbstoffgranula. Z. Zellforsch. 19, 266—273. III. Über die leichte Färbbarkeit der sauren (lipoidunlöslichen) Vitalfarbstoffe. Z. Zellforsch. 19, 274—288. IV. Verwendbarkeit basischer Vitalfarbstoffe als eine wesentliche Vorbedingung für das Eindringen derselben in die Zelle; Bedeutung der Flockbarkeit der Farbstoffe. Z. Zellforsch. 19, 289—308.
— 1934: Zur Kenntnis der intra- und supravitalen Färbung. V. Verdrängende Wirkung nachträglich eingeführten Farbstoffes auf den bereits in Zellen deponiert gewesenen, elektrisch gleichsinnig geladenen Farbstoff. Z. Zellforsch. 21, 757—777.
— 1935: Zur Kenntnis der intra- und supravitalen Färbung. IX. Färbbarkeit der Plasmagrundsubstanz der fixierten Histiozyten, Reticuloendothelien und der weißen Blutzellen von Vögeln, Reptilien und Amphibien. Z. Zellforsch. 23, 314—334.
Simpson, W. L., und W. Cramer, 1943: Fluorescence studies of carcinogens in skin. I. Histological localization of 20-methyl-cholanthrene in mouse skin after single application. Cancer Res. 3, 362—369.
Sjöstrand, F., 1945: Über die Eigenfluoreszenz tierischer Gewebe mit besonderer Berücksichtigung der Säugetiere. Norstedt & Söner, Stockholm 1944 (Acta Anat. Suppl. 1, 1—136).
— 1946: The fluorescence microspectrographic localisation of riboflavin (Vitamin B_1) and Thiamin (Vitamin B_2) in tissue cells. Acta Physiol. Scand. 12, 42—52.
Snook Th., 1939: Preservation of trypanblue and neutral red within the cells of loose connective tissue. Stain Technol. 14, 139—142.
Spek, J., 1940: Metachromasie und Vitalfärbung mit pH-Indikatoren. Protoplasma 34, 533—584.
Spemann, H., 1936: Experimentelle Beiträge zu einer Theorie der Entwicklung. Berlin-Göttingen-Heidelberg: Springer-Verlag.
Staubesand, J., 1962: Zur Histophysiologie des Herzbeutels. II. Mitteilung. Elektronenmikroskopische Untersuchungen über die Passage von Metallsolen durch mesotheliale Membranen. Z. Zellforsch. 58, 915—952.
Steinert, M., and A. B. Novikoff, 1960: The existence of a cytostome and the occurrence of pinocytosis in the Trypanosome (*Trypanosoma mega*). J. Biophys. Biochem. Cytol. 8, 563—569.
Steinmann, P., und G. Wilhelmi, 1950: Blockierung hochaktiver Zellen durch Vitalfärbung und deren praktische Anwendungsmöglichkeiten. 1. Mitt. Einfluß basischer Vitalfarbstoffe auf die Regeneration bei Planarien und Axolotl. Roux' Arch. 144, 329—342.
Stephan, F., et B. Sutter, 1961: Réaction de l'embryon de Poulet au bleu Trypan. J. Embryol. Morph. 9, 410—421.
Stich, H., 1952: Trypaflavin und Ribonukleinsäure. Untersuchungen an Mäusegeweben, *Condylostoma spec.* und *Acetabularia mediterranea*. Naturwiss. 38, 435—436.
Stockenberg, W., 1936: Die Orte besonderer Vitalfärbbarkeit des Hühnerembryos und ihre Bedeutung für die Formbildung. Roux' Arch. 135, 408—425.
Stockinger, L., 1949: Über die fluoreszenzmikroskopische Untersuchung menschlicher Spermien nach Fluorochromierung mit Acridinorange. Mikroskopie 4, 53—55.

Stockinger, L., 1949: Fluoreszenz und Metachromasie. Mikroskopie 4, 307—312.
— 1951: Über die Eigenfluoreszenz von Formol und die Fluoreszenz formolfixierter Gewebe. Anat. Anz. 98, 82—88.
— 1952: Die Vitalfärbung von Gewebekulturen mit Acridinorange. Mikrosk. anat. Forsch. 59, 304—325.
— 1958 a: Fluoreszenzmetachromasie. Acta Histochem. Suppl. I, 103—120.
— 1958 b: Fluoreszenzuntersuchungen an Gewebekulturen. I. Z. Naturforsch. 13 b, 407—409.
— 1962: Das elektronenmikroskopische Bild verschiedener Farbstoffspeicherungen in Gewebekulturen. Unveröffentlichte Beobachtungen.
Straus, W., 1958: Colorimetric analysis with N,N-dimethyl-p-phenyl-enediamine of the uptake of intravenously injected horseradish peroxidase by various tissues. J. Biophys. Biochem. Cytol. 4, 541—550.
Strugger, S., 1940: Die Vitalfärbung der Chromosomen. Dtsch. Tierärzt. Wschr. 645—646.
— 1941: Die fluoreszenzmikroskopische Unterscheidung lebender und toter Zellen mit Hilfe der Acridinorangefärbung. Dtsch. tierärztl. Wschr. 49, 525—527.
— 1949: Fluoreszenzmikroskopie und Mikrobiologie. M. u. H. Schaper, Hannover.
Sugar, J., und E. Gati, 1956: Die Änderung der Aufnahmefähigkeit von Ehrlich-Aszitestumorzellen gegen Acridinorange und Eosin unter Einfluß von Lost-derivaten und anderer chemotherapeutischer Mittel. Z. Krebsforsch. 61, 381—389.

Tappeiner, H., und A. Jodlbauer, 1907: Die sensibilisierende Wirkung fluoreszierender Substanzen. F. C. W. Vogel, Leipzig.
Tarao, J., 1953: Vital staining of the Golgi-apparatus. Cytologia (Tokyo) 18, 218—228.
Tennyson, V., 1950: An electron microscopy study of newborn choroid plexus from normal and hydrocephalic rabbits. Anat. Rec. (Am.) 136, 290.
Torres de Castro, and A. Couceiro, 1955: Studies on vital staining of protozoa. Exper. Cell Res. 8, 245—247.
Toth, A., 1952: Neutralrotfärbungen im Fluoreszenzlicht. Protoplasma 41, 103—110.
Trump, B. F., 1961: An electron microscope study of the uptake, transporte and storage of colloidal materials by the cells of the vertebrate Nephron. J. Ultrastructure Res. 5, 291—310.

Udenfried, J., 1962: Fluorescence Assay in Biology and Medicine. Academic Press, New York-London.

van Bremen, V. L., and C. D. Clemente, 1955: Silver deposition in the central nervous system and the hematoencephalic barriere studied with the electron microscope. J. Biophys. Biochem. Cytol. 1, 161—166.
van Duijn, C., 1960: Effect of acridine orange on living bull spermatozoa. Nature (Brit.) 187, 1006—1008.
— 1961: Photodynamic effects of vital staining with diazine green (Janus green) on living bull spermatozoa. Exper. Cell. Res. 25, 120—130.
— 1961: Effects of light and photosensitization by some vital stains and fluorochromes on living bull spermatozoa. Proc. IV. Int. Congress on Animal Reproduction, The Hague (Holland) 1—8.
— 1962: Toxic and photodynamic effects of toluidine blue on living bull spermatozoa. Exper. Cell Res. 26, 373—381.
Vinegar, R., 1956: Metachromatic differential fluorochroming of living and dead ascites tumor cells with Acridine-Orange. Cancer Res. 16, 900—906.
Vogt, W., 1925: Gestaltungsanalyse am Amphibienkeim mit örtlicher Vitalfärbung. Arch. Entw.mech. 106, 542—610.
Vonwiller, P., 1928: Vitalfärbung. In: Methodik der wissenschaftlichen Biologie (Hrsg.: T. Peterfi, I. Allgemeine Morphologie). Berlin-Göttingen-Heidelberg: Springer-Verlag.
— 1945: Lebendige Gewebelehre. Kommiss.-Verlag Zollikofer & Co., St. Gallen.

Waddington, C. H., and T. C. Carter, 1952: Malformation in mouse embryos induced by Trypan blue. Nature (Brit.) 169, 27.
— — 1953: A note on abnormalities induced in mouse embryos by trypan blue. J. Embr. Morph. 1, 167—180.

Wagner, W. H., 1949: Zur Vitalfärbung von Trypanosomen mit Acridinorange nach Strugger. Zbl. Bakteriol. 154, 310—314.

Walker, B. E., 1960: Electron microscopic observations on transitional epithelium of the mouse urinary bladder. J. Ultrastructure Res. 3, 345—361.

Wallbach, G., 1931: Die Stellung der vitalen Diffusfärbung und der vitalen Kernfärbung unter den funktionellen Erscheinungen der Zelle. Z. Zellforsch. 13, 180—201.

— 1933: Die Morphologie der vitalen Farbspeicherung. Protoplasma 17, 108—118.

Wallingford, V. H., 1959: General aspects of contrast media research. Ann. N. Y. Acad. Sci. 78, 709—719.

Wartiovaara, V., und R. Collander, 1960: Permeabilitätstheorien. In: Protoplasmatologia II/C/8/d. (Hrsg.: Heilbrunn und Weber.) Wien: Springer-Verlag.

Wassermann, F., 1948: The structure of the wall of the hepatic sinusoids in the electron microscope. Z. Zellforsch. 49, 13—32.

Wegelius, O., und G. Hjelman, 1955: Vital staining of mast cells and fibrocytes. Acta Path. Scand. 36, 304—308.

Wegener, K., 1961: Über die experimentelle Erzeugung von Herzmißbildungen durch Trypanblau. Arch. Kreisl.forsch. 34, 99—144.

Wehling, H., 1951: Morphologische Veränderungen an motorischen Vorderhornzellen von Frosch und Kröte nach Applikation von Trypaflavin. Z. Zellforsch. 36, 171—197.

Weimar, V., 1959: Activation of corneal stromal cells to take up the vital dye neutral red. Exper. Cell Res. 18, 1—14.

Weiss, J. M., 1953: Intracellular changes due to neutral red as revealed in the pancreas and kidney of the mouse by the electron microscope. J. Exper. Med. 101, 213—224.

Weissmann, G., 1953: Die Vitalfärbung mit Acridinorange an Amphibienlarven. Z. Zellforsch. 38, 374—408.

— und A. Gilgen, 1956: Die Fluorochromierung lebender Ehrlich-Ascites-Carcinomzellen mit Acridinorange und der Einfluß der Glykolyse auf das Verhalten der Zellen. Z. Zellforsch. 44, 292—326.

Wendt, E., 1961: Die Wirkung von Röntgenstrahlen auf das Centroplasma und die Cytosomen von Gewebekulturzellen. Z. Zellforsch. 53, 172—184.

Whitaker, D. M., 1939: The effect of fertilization on the rate of staining in *Cuminiga* eggs. Growth 3, 153—158.

Wiede, M., und F. Meyer, 1955: Über die Toxizität einiger Fluorochrome. Protoplasma 44, 342—349.

Wiercinski, F. J., 1955: The pH of animal cells. In: Protoplasmatologia II/B/2/C. (Hrsg.: Heilbrunn und Weber.) Wien: Springer-Verlag.

Wilhelmi, G., 1951: Blockierung hochaktiver Zellen durch Vitalfärbung und deren praktische Anwendungsmöglichkeiten. 3. Mitt. Über den Einfluß basischer Vitalfarben auf das Wachstum von Tumoren; speziell von menschlichen malignen Geschwülsten. Roux' Arch. 144, 555—561.

Williams, W. L., 1949: Intravital staining of blood vessels by acid diazo dyes. Anat. Rec. 104, 17—29.

— 1950: Intravital staining of damaged liver cells. II. The use of dyes in the study of necrosis and repair following acute chemical injury. Anat. Rec. 107, 1—19.

Willis, R. A., 1958: The borderland of Embryology and Pathology. Butterworth and Co. Ltd., London.

Wilson, J. G., 1954: Influence in the offspring of altered physiologic states during pregnancy in the rat. Ann. N. Y. Acad. Sci. 57, 517.

— 1954: Congenital malformations produced by injecting azo-blue into pregnant rats. Proc. Soc. exper. Biol. N. Y. 85, 319—322.

— 1954: Withdrawal of claim that azoblue causes congenital malformations. Proc. Soc. Exper. Biol. a. Med. (Ann.) 87, 1.

— 1955: Teratogenic activity of several azo dyes chemically related to trypan blue. Anat. Rec. 123, 313—335.

Wimmer, K., 1939: Die Stellung des Reticuloendothels im Vitaminstoffwechsel nach lumineszenzmikroskopischen Beobachtungen am lebenden Tier. Anat. Anz. 88, Verh. Anat. Ges., Erg.-H. 42—68.

Wislocki, G. B., and A. J. Ladman, 1955: The demonstration of a blood ocular barrier in the albino rat by means of the intravitamin deposition of silver. J. Biophys. Biochem. Cytol. 1, 501—510.

WISLOCKI, G. B., and E. H. LEDUC, 1952: Vital staining of the hematoencephalic barriere by nitrate and trypanblue and cytological comparisons of the neurohypophysis, pineal body, area postrema, intercolumnar tubercle and supraoptic crest. J. comp. Neurol. (Am.) 96, 371—414.
WITTEKIND, D., 1958: Die Vitalfärbung des Mäuseaszitescarcinoms mit Acridinorange. Z. Zellforsch. 49, 58—104.
— 1958: Beobachtungen über eine besondere Art der Acridinorangespeicherung in vitalen Ergußzellen. Dtsch. Arch. klin. Med. 205, 411—424.
— 1959: Über die derzeitige Bedeutung der Vitalfärbung speziell der Vitalfluorochromierung in der Cytologie und über Möglichkeiten ihrer weiteren Anwendung, insbesondere in Kombination mit anderen Methoden. Mikroskopie 14, 9—25.
— 1960: Über Entstehung, Morphologie und gegenseitige Beziehungen intraplasmatischer Vakuolenbildungen in lebenden Tumorzellen aus Ergüssen seröser Höhlen. Fluoreszenz- und phasenkontrastmikroskopische Untersuchungen. Virchows Arch. 333, 311—342.
— 1961: Über das Verhalten von lebenden Blut- und Exsudatzellen in hochprozentigen, isotonischen Eiweißlösungen. Z. Zellforsch. 54, 631—653.
— und A. VÖLCKER, 1957: Zur Frage der intraplasmatischen Granulabildung nach Vitalfärbung mit Acridinorange. Untersuchungen am Mäuseaszitescarcinom. Protoplasma 48, 535—545.
WOROBIEW, W.. 1925: Methodik der Untersuchungen von Nervenelementen des makro- und makromikroskopischen Gebietes. Kommissionsverlag v. O. ROTHACKER. Berlin (zit. nach ROMEIS 1948).
WRBA, H., 1960: Vitalitätsbestimmungen durch Aufnahme und Umsatz markierter Verbindungen. Z. Zellforsch. 53, 90—140.

YAMASHITA, K., 1958: Fluorescence microscopical studies on various exudate cells in the inflammatora focus. Report 1: On fluorescence of the blood cells. Acta Pathol. Japonica 8, 9—25.
YOUNG, M. R., 1961: Principles and technique of fluorescence microscopy. Quart. J. microsc. Sci. 102, 419—449.

ZAHL. P. A.. and L. L. WATERS, 1941: Localization of colloidal dyes on animal tumors. Proc. Soc. Exper. Biol. a. Med. (Am.) 48, 304—310.
ZANKER, V., 1952: Über den Nachweis definierter reversibler Assoziate („reversible Polymerisate") des Acridinorange durch Absorptions- und Fluoreszenzlösungen in wäßriger Lösung. Z. physik. Chemie 199, 225—258.
— 1952: Quantitative Absorptions- und Emissionsmessungen am Acridinorangekation bei Normal- und Tieftemperatur im organischen Lösungsmittel und ihr Beitrag zur Deutung des metachromatischen Fluoreszenzproblems. Physiol. Chemie 200, 250—292.
ZEIGER, K., 1938: Physikochemische Grundlagen der histologischen Methodik. Wiss. Forschungsber. 48.
— 1955: Morphologie des Cytoplasmas. In: Handbuch der allgemeinen Pathologie. I/2. (Hrsg.: BÜCHNER, LETTERER und ROULET.) Berlin-Göttingen-Heidelberg: Springer-Verlag.
— 1956: Experimentelle Blockade des Ergastoplasmas und ihre Folgen. Verh. Anat. Ges. 53, Versammlung 1956, Stockholm. 30—39.
— 1958: Reinheit und Toxizität von Acridinorange. Z. mikr.-anat. Forsch. 64, 168—173.
— und H. HARDERS. 1951, 1952: Über die vitale Fluorochromfärbung des Nervengewebes. Z. Zellforsch. 36, 62—78.
— — und W. MÜLLER, 1951: Der Strugger-Effekt an der Nervenzelle. Protoplasma 40, 76—84.
— und W. SCHMIDT. 1957: Über die Natur der bei Intoxikation mit Acridinorange in tierischen Zellen entstehenden Stoffablagerungen. Z. Zellforsch. 45, 578—588.
— und M. WIEDE. 1954: Die Speicherung des Acridinorange in der Froschleber und ihr Einfluß auf das Ausscheidungsvermögen der Leberzelle. Z. Zellforsch. 40, 401—424.
ZIPF, K., 1927: Die Austauschbindung als Grunglage der Aufnahme basischer und saurer Fremdsubstanzen in der Zelle. II. Teil. Arch. exper. Pathol. und Pharmakol. 124, 286—325.
ZWEIBAUM, J., 1938: Sur la caractéristique des fibroblastes et des cellules migratrices (histiocytes et lumphocytes) basée sur la coloration vitale. Arch. exper. Zellforsch. 22, 95—100.

Sachverzeichnis